智慧农业与畜牧装备大数据实践丛书

U0613132

图解牧草
智慧生产技术和装备

Illustrated Guide to Intelligent Production Technologies and
Equipment for Forage Grass

马 伟 赵欣欣 林克剑 / 著

中国农业出版社
北 京

图书在版编目（CIP）数据

图解牧草智慧生产技术和装备 / 马伟，赵欣欣，林克剑著 . -- 北京：中国农业出版社，2025. 6. --（智慧农业与畜牧装备大数据实践丛书）. -- ISBN 978-7-109-33413-7

Ⅰ . S54-64

中国国家版本馆 CIP 数据核字第 20259VQ921 号

图解牧草
智慧生产技术和装备
Tujie Mucao
Zhihui Shengchan Jishu he Zhuangbei

中国农业出版社出版

地址：北京市朝阳区麦子店街18号楼

邮编：100125

责任编辑：周锦玉

版式设计：刘亚宁　责任校对：吴丽婷　责任印制：王　宏

印刷：北京中科印刷有限公司

版次：2025年6月第1版

印次：2025年6月北京第1次印刷

发行：新华书店北京发行所

开本：880mm×1230mm　1/32

印张：3.375

字数：112千字

定价：36.00元

　　在全球农业现代化进程不断加速的今天，牧草产业作为畜牧业发展的重要基础，正经历着从传统生产模式向智慧化转型的深刻变革。牧草智慧化生产是指将物联网、大数据、人工智能、智能装备等新一代信息技术深度融合于牧草种植、管理、收获、加工、仓储及销售全产业链，实现牧草生产过程的数字化、自动化、精准化和智能化，提升生产效率、降低成本、保障品质，并推动草牧业可持续发展的新型生产模式。本书聚焦牧草智慧生产，剖析了当下牧草生产领域的关键环节，对推动行业发展具有重要意义。

　　牧草对于国民经济发展具有重要作用，在现代农业体系中占据着举足轻重的地位。一方面，它是优质的饲料来源，直接影响着畜禽的生长发育、肉品质和奶制品质量。例如，富含营养的苜蓿草，能够显著提高奶牛的产奶量和牛奶的营养价值，进而提升整个乳业的经济效益。另一方面，牧草在生态保护中发挥着关键作用，能有效防止水土流失、改善土壤结构、净化空气，是维持生态平衡的重要保障。在北方草原地区，大面积种植的牧草就像绿色的卫士，守护着脆弱的生态环境。

　　随着畜牧业规模化、集约化发展，传统牧草生产方式的弊端日益凸显。育种和栽培效率低下，无法满足快速增长的市场需求；收获环节机械化程度不足，导致牧草损耗严重，增加了生产成本；加工过程中缺乏科学方法，使得牧草品质下降，营养成分流失。而智慧生产技术和装备的应用，为这些难题提供了解决方案。智能化栽培系统能精准调控土壤湿度、肥力和光照，提高种子发芽率和幼苗成活率；自动化收获设备可大幅提高作业效率，降低人力成本，同时减少牧草损耗；牧草梯次加工可有效保持牧草的营养成分，实现牧草的综合利用。

　　本书的内容丰富且系统，第一章总体介绍了研究背景，第二章到第六章分别围绕牧草阐述数字化育种、工厂化栽培、精准化管理、自动化收获和梯次化加工等五个板块，内容系统科学，逻辑性强，通过大量高清图片和简洁文字，将复杂的技术原理和装备操作流程直观地呈现给读者。这些科普化的写作技巧有助于读者身临其境地理解牧草研究的艰辛，有助于读者饶有兴致地享受牧草种植的乐趣，有助于读者融会贯通地理解牧草利用的价值，总体上说，本书坚持理论科普化、技术直观化、装备图形化，相信这些方法会对读者阅读有所帮助。

笔者团队在牧草生产智慧化领域深耕多年，拥有丰富的实践经验，深入牧场、田间和车间，对实际生产中的问题进行细致观察和研究，将理论与实践紧密结合，保证了书中内容的科学性、实用性和前瞻性。书中所阐述的技术和装备，有些是笔者团队参与研发的技术或在实际项目中成功应用的装备，有些是笔者的个人理解和尝试，甚至是经验教训，这些技术和装备可能不是非常完美，但是其探索和实践可以为行业发展提供宝贵的经验借鉴。

本书在撰写过程中得到了中国农业科学院、中国农业大学、西北农林科技大学、四川农业大学、西藏自治区农牧科学院、国家电力投资集团有限公司（简称"国家电投"）内蒙古公司等单位的大力支持，

在此表示感谢。感谢张新全教授、黄琳凯教授、胡永松研究员、杨其长研究员、焦巍副研究员、金涛研究员等专家学者给予指导并分享宝贵研究资料。项目组段发民、杨晓、李宗耕、沙德剑等做了大量工作。我相信，本书的出版将为牧草生产领域的科研人员提供新的研究思路，为企业的技术创新和产品研发提供有力支持，为牧场主和种植户的实际生产提供实用的操作指南。它将推动牧草智慧生产技术和装备的普及应用，促进牧草产业的提质增效，助力我国畜牧业向绿色、高效、可持续方向迈进。期待更多人能从这本书中汲取知识和力量，共同为我国农业现代化建设贡献智慧和力量。

马　伟

2024 年 3 月 10 日于静居寺

目录
Contents

1
绪论

图解牧草
智慧生产技术和装备
Illustrated Guide to Intelligent Production
Technologies and Equipment for Forage Grass

1.1 背景

党的十八大以来，国家出台了一系列关于发展草牧业的政策文件。中共中央、国务院 2015 年印发的《关于加大改革创新力度加快农业现代化建设的若干意见》中明确要求加快发展草牧业。2016 年农业部办公厅印发《关于促进草牧业发展的指导意见》中指出：着力促进草产业发展，加快建设现代饲草料产业体系，着力转变草食畜牧业发展方式，形成规模化生产、集约化经营的产业发展格局，为农牧业可持续发展和全面建成小康社会提供重要支撑。牧草产业要发展，智慧化是必由之路。牧草智慧化生产是牧草集约化、规模化、产业化的重要探索，是现代牧草产业发展的重要方向。

牧草作为饲料资源的重要来源，直接影响着畜牧业的生产力、质量和经济效益。随着人口的增长和生态环境的变化，传统牧草生产面临着日益严峻的挑战，亟待产业升级。作为农牧业生产的重要组成部分，牧草的种植与生产对畜牧业的可持续发展起着关键性作用。随着科技的飞速发展，农业生产进入了数字化、信息化的时代。牧草生产作为农牧业的核心环节，急需借助智慧化技术手段实现生产方式的升级。牧草智慧生产模式满足了产业升级和技术升级的需要，解决了传统牧草生产资源利用不足、生产效率低下等问题，因此，引入牧草智慧生产技术和智能装备成为提高牧草生产效益、推动畜牧业可持续发展的必然选择。

1.1.1
我国优质牧草供给侧结构失衡，依赖进口态势亟待改变

我国牧草主要依靠人工草地供给。我国人工草地存在规模小、水平低、产业化程度较低等问题，存在供给侧结构性问题，优质牧草依赖进口局势依然严峻。据统计，我国可利用的草地面积为 3.31 亿公顷，其中人工草地面积为 1.2 亿公顷，仅占天然草地面积的 3%。以优质饲草苜蓿为例，由于苜蓿是奶牛、肉牛等草食动物的刚需饲草，因此苜蓿的种植规模和生产水平在国际上被用作衡量草地畜牧业现代化程度的指标。我国苜蓿人工草地面积仅为美国的 10%，牧草品种选育、种植管理和收获加工等多方面落后于美国等草牧业发达国家。2015 年，我国苜蓿

总产量为 3217 万吨，优质苜蓿产量为 180 万吨、约占 5.6%，仅奶牛用优质苜蓿的缺口就达 130 多万吨。优质苜蓿单位面积产量为 562 千克／亩*，粗蛋白含量较低，平均含量为 18.1%，相对饲喂价值不高，仅达到二级苜蓿标准。同时，我国苜蓿产业化程度较低，标准化和规模化生产企业少，智能化装备少，管理水平低，产量、质量不稳定，因此我国总体上每年消耗的大量苜蓿依赖进口。自 2008 年开始，我国苜蓿进口量持续增大，从 2008 年的 1.9 万吨开始，10 年间增长了 70 多倍。我国高度重视苜蓿产业，2023 年农业农村部印发《"十四五"全国饲草产业发展规划》，健全苜蓿良种繁育体系，为苜蓿产业高质量发展提供有力支撑。苜蓿产业依赖进口，究其原因，主要有以下几个方面。

一是牧草生产受气候因素制约严重。我国牧区普遍存在干旱少雨的气候特征。我国四大牧区——内蒙古牧区、新疆牧区、青海牧区和西藏牧区均位于年降水量小于 400 毫米的干旱、半干旱牧区，气候干旱，降水较少，蒸发量却高达 1 000 毫米以上，气候干燥，水源缺乏。我国牧区以重旱为主。极端气候因素的持续发生严重威胁牧草主产区的牧草周年均衡生产。

二是牧草生产水资源利用效率低下。水分是影响牧草生物量的限制性因素。我国牧区水资源短缺，水土流失严重，生态环境脆弱，加之灌溉渠道渗漏、大水漫灌等不当操作和地下水超量开采等原因，大量水资源被浪费，水资源短缺问题加剧。以优质苜蓿为例，按茬统计其全生育期耗水量为 300 ~ 2250 毫米，建植当年苜蓿的水分利用效率为 0.8 ~ 1.2 千克／米^3，建植 2 年苜蓿的水分利用效率仅为 1.2 ~ 2.5 千克／米^3，和发达国家相比我国水分利用效率水平显著偏低。在干旱和半干旱牧区科学合理用水，提高牧草水分利用效率，是迫切需要解决的重大问题。

三是国际贸易摩擦和疫情加剧我国牧草供应紧缺形势。一方面我国居民膳食结构发生变化，肉、蛋、奶等消费量增加，伴随而来的是高产优质饲草的需求量进一步增大；另一方面国际贸易摩擦和疫情的不确定性，导致饲草紧缺现状加剧。我国从发达国家的进口苜蓿量从 2008 年的 1.9 万吨增加到 2017 年的 130.7 万吨。2018 年以来"中美贸易摩擦"加剧，由于关税反制，美国进口苜蓿平均成本增加 32%，直接导致每头奶牛全年饲养成本增加 700 元。2020 年突发的肺炎疫情使得我国饲料储备和供应进一步短缺。2023 年我国苜蓿干草进口量为 100.05 万吨，相比上一年度显著下降。

---

* 亩为我国非法定计量单位，1 亩 =1/15 公顷。——编者注

1.1.2
草－畜供需失调，天然草场退化严重，生态环境急需修复

我国天然草原面积约 4 亿公顷，约占国土面积的 41.7%，总量居世界第 2。草原在我国农业生态中扮演重要的角色，但由于对草原不科学利用，草－畜供需失调导致过度放牧，我国草场退化、土地沙漠化形势严重。据统计，我国目前 90% 以上的天然草原存在不同程度的退化现象，其中严重退化草地占 60% 以上，每年新增草原退化面积超过 200 亿公顷。过度放牧是导致草原退化最直接、最重要的原因。

如何合理有效地利用草地资源，实现草畜动态平衡，从传统畜牧业模式向集约化经营转变，走生产、生态、经济、资源与环境相协调的可持续发展道路的转型，是现阶段任重而道远的紧迫任务。

1.1.3
电力能源消纳不畅，亟待推进能源就地高效利用，扩大能源消纳空间

近年来，我国能源产业不断发展壮大，产业规模和技术装备水平大幅提升，截至 2017 年底，全国全口径发电机容量为 17.8 亿千瓦，全年全口径发电量为 6.42 万亿千瓦·时，全社会用电量为 6.3 亿千瓦·时。牧区因为广阔的开阔地带和丰富的风资源，已成为我国主要的新能源基地。自 2006 年起，我国主要牧区风电的装机容量、发电量及上网电量快速增长。以内蒙古为例，2017 年，发电装机总容量突破 1 亿千瓦，总共发电量超过 4 000 亿千瓦·时，新能源发电比例超过 10%，并网风电发电量为 551 亿千瓦·时，并网太阳能发电量为 110 亿千瓦·时。然而，与装机成绩斐然形成反差的是"新能源"消纳不畅，存在"弃风"和"弃光"现象。为解决清洁能源消纳问题，建立清洁能源消纳的长效机制，国家发展和改革委员会、国家能源局提出促进能源生产和消费革命，推进能源产业结构调整和清洁能源消纳，消除"弃光"现象。因此，促进牧区清洁能源消纳，改善能源结构、保障能源安全迫在眉睫。

1.1.4
推动现代特色草牧业发展，助力乡村振兴战略

《国家乡村振兴战略规划（2018—2022 年）》中明确指出要深化农业供给侧结构性改革，统筹山水林田湖草系统治理，加快推行乡村绿色发展方式，加强农村人居环境整治，构建人与自然和谐共生的乡村发展新格局。在此背景下，我国牧区急需发展现代特色草牧业，助力乡村振兴战略。以"绿色发展与生态保护"为目标，充分利用"草牧业"特色优势资源和"新能源"优势，结合特色鲜明的"休闲农牧业"旅游模式，着力构建特色农业产业助力三产融合，形成"农业＋工业＋旅游＋生态"的产业振兴模式，提升经济效益、生态效益和社会效益，推动现代化草牧业的可持续发展，助力乡村振兴战略实施。

1.2 意义

1.2.1
大幅提升牧草资源利用效率和生产效率，是优质牧草生产技术的颠覆性突破

与美国、新西兰和澳大利亚等草牧业发达国家相比，我国草牧业发展滞后，集约化程度低，生产经营规模小，技术水平低，牧草的商品率较低，缺乏市场竞争力。长期以来，牧草依赖进口的现状仍未改变，因此，我国应加强草业科研、示范、推广设施的建设力度，提高牧草种植的经济效益，鼓励以企业为主体、市场为导向、产学研相结合的技术创新体系，促进科技成果向现实生产力的转化。

我国牧草行业可以通过创新集成 LED 节能光源、多层立体栽培系统、智能管控技术、温室节能调控技术、水肥一体化等多项自主知识产权的关键技术，将二维尺度的牧草生产模式向三维垂直空间拓展，实现在可控环境下牧草作物周年连续生产，打破传统牧草生产靠天收草的困境，大幅度提升牧草单位产量和品

质。采用 LED 光配方耦合营养液调控技术，可使苜蓿品质显著提升，一级及特级草比例超过 85%；通过水肥一体及营养液循环技术，水分利用效率显著提升，达 12.5 千克／米^3；传统的牧草产量平均 400 吨／公顷，通过立体多层栽培，单位面积产量增加 18 倍以上，高产稳产，实现周年均衡供应；同时，设施环境相对可控，生产不受外界天气的影响，可避免高温、暴雪、极端低温、沙尘等外界恶劣条件的影响；设施牧草栽培实现饲草自给自足，就近就地供给，着力保障"肉盘子"和"奶瓶子"的有效均衡供应，保障国家食物安全。

1.2.2
开创智慧牧场先进生产模式，是生态优先、绿色环保的现代草牧业可持续发展的重要实践

我国可利用的草地面积约占国土总面积的 42%，但其中 90% 的天然草地处于不同程度的退化之中，严重退化的草地面积占 60% 以上。草地管理落后和气候干旱是我国北方草地退化的主要原因。长期过度放牧会降低植被覆盖和初级生产力，土壤侵蚀使得水土流失严重，气候变化的敏感性也随之加强，草地生态功能衰减，严重威胁我国生态安全。国家发展和改革委员会、自然资源部在《全国重要生态系统保护和修复重大工程总体规划（2021—2035 年）》提出了"坚持保护优先，自然恢复为主""坚持科学治理，推进综合施策"等基本原则。近年来，我国牧区不断探索以生态优先、绿色发展为导向的草牧业高质量发展道路，实施退耕还林还草、退牧还草等重点生态工程，持续加大草原生态保护和荒漠化防治力度，任务重要且紧迫。

苜蓿产业发展应优先考虑设施农业，以周年不间断生产优质高产牧草为目标，通过立体空间栽培，大幅提升土地利用效率，且能实现周年连续化生产。可让部分天然草地实行退牧还草，有效促进草原生态修复、提升草原生态屏障功能，对于解决因季节变化造成草畜供求不平衡的矛盾，补充天然草地的不足，减轻草原载畜压力具有重要作用，通过走"生态优先、绿色环保"的现代草牧业发展道路的创新实践，实现牧草业资源高效利用和可持续发展，对于保障国家生态安全具有重要意义。

1.2.3
推动能源就近高效利用，是电能消纳为优质牧草的重大探索

　　牧区煤、风、光等自然资源丰富，每年新增大量火电装机容量，且风电、光伏发电容量增长迅速。但同时，能源发展的不平衡和不充分性也日益凸显，特别是清洁能源消纳问题，已严重制约电力行业健康可持续发展。除了为本地供电，多余电量还会远距离跨区输电，但远距离跨区输电需要配套建设特高压输电线路和变电站，输电成本高，如何提高富余电力的再利用率成为发电企业考虑的重要问题。因此，建设"绿能智慧牧场"，发挥牧区电能资源充足的优势，建立能源综合消纳示范，借助农业科技手段，打造优质牧草工厂化生产模式，探索富余电力转化为农业生产力的创新模式，共同推动能源就近高效利用的发展战略。富余能源换优质牧草的实践新路子，可在完成既定能源消纳目标的同时提升能源经济附加值，是现代能源经济的一项创新尝试，也是将资源优势向经济优势和生态优势转化的重大探索。

2.2.4
打造现代特色草牧业标杆园区，是提升现代特色农业综合效益的创新实践

　　充分发挥我国牧区"草牧业"特色资源和"休闲农牧业"的旅游优势，聚焦"三农三牧"，整合"富余电能"，推进农业结构调整，发挥自然资源多重效益，建设绿色高效、生态环保的特色农业综合示范体，助力三产融合，形成"农业＋工业＋旅游＋生态"的产业振兴模式。根据牧区文化、气候、资源、生态等特点，打造科学研究、农业生产、文化输出、示范教育、休闲观光于一体，构建可持续发展的都市农业新业态，为城市居民生态休闲观光添加新去处，对宣传水土资源保护、节能减排、加强生态环保意识具有良好的示范效益。采用智慧化手段，优质牧草的成倍产出能提高单位面积的土地产值，经济效益增速显著；可解决因季节变化造成草畜供求不平衡的矛盾，补充天然草地的不足，减轻草原载畜压力，促进生态保护与修复具有重要意义；自然光和人工光结合的生产方式是牧草生产方

式的颠覆性创新，能有效促进优质牧草生产技术革新，社会示范效益显著，实现了一二三产业联动，对于调优农业结构，推动现代化草牧业的可持续发展，助力乡村振兴均具有示范作用，是打造现代特色农业综合示范体，显著提升综合效益的创新尝试，也是由能源到经济效益的创新实践。

综上所述，牧草智慧生产技术和装备的研究有助于提升农牧业的科技含量，实现牧区经济的"跨越式"发展。牧草智慧生产技术和装备体现了"高新""高效"和"龙头带动"的总体战略思路，符合国家的产业政策。牧草智慧生产技术和装备的推广经济效益明显，社会效益显著，环境效益良好。

科技研发、产业孵化与工厂化育苗、设施高效栽培、饲草加工、农业高新科技产业开发、技术推广、人才培训和生态农业观光等项目的实施，必将对我国牧区现代农业的发展、产业结构的优化调整和农业增效、农民增收产生巨大的推动作用。

以科技为支撑，以市场为导向，以农业增效、农民增收和区域农业的可持续发展为宗旨，以农业高新技术与先进适用技术的技术示范、产业孵化、推广应用和有效转化为手段，通过产、学、研的有机结合，实现成果转化、科技示范、精品生产、龙头带动、教育培训和生态观光等综合功能的项目集成与产业化。牧草智慧化生产未来将构筑更多的应用场景来进行技术展示，逐步发展成为以现代化生态农业为主题的农业高新技术产业示范区，并逐步形成在全国具有重要影响的农业高新技术成果转化基地、农业高新科技产业孵化基地、现代生态农业展示示范基地、绿色农产品出口创汇基地、农业休闲观光基地，为新形势下牧区农业结构的优化调整、大幅度提高牧草产值与附加值，以及实现可持续高效发展提供超前的样板和示范窗口。

1.3 问题

牧草智慧生产技术和装备涉及智慧植物工厂、种苗繁育、设施栽培、饲草精深加工等多项高新技术内容，需要参与建设与运作的人才素质较高。因此，需要引进一大批高素质的专业技术人才，同时还需培养一批熟悉牧草高效生产的有经验技术工人，以保证牧草智慧生产技术和装备建设的顺利进行和高效运转。

2

牧草数字化育种

图解牧草
智慧生产技术和装备
Illustrated Guide to Intelligent Production
Technologies and Equipment for Forage Grass

畜牧业是农业领域中至关重要的一部分，提供了丰富的畜产品，如肉、蛋、奶、毛皮等，有力地促进了农民增收致富。牧草在畜牧业中具有至关重要的作用，不仅提供了主要饲料来源，降低了养殖成本，还有助于提高动物的健康水平和生产性能，利于土壤保护和可持续农业发展、保护生态系统和生物多样性，促进农村发展和社会稳定。因此，牧草的管理和保护对维护畜牧业的可持续性和全球粮食安全至关重要。

全球人口不断增长，对畜产品的需求也随之增加。气候变化对牧草生长和质量产生了影响，极端天气事件和气温升高可能影响牧草的适应性和生长。因此，农业部门需要更高产量的牧草来满足食品需求。传统牧草育种面临着诸多挑战，如生长周期长、遗传背景复杂、育种周期长等问题，制约了牧草新品种的培育速度和效率。

加速育种进程：通过数字化手段，科研人员可以在更短的时间内收集并分析大规模的遗传数据，从而更迅速地筛选出具有优异性状的牧草品种。这将大大加速育种进程，提高新品种的培育效率。

精准基因编辑：基因编辑技术的应用使得科研人员能够更加精准地修改牧草基因，从而达到优化性状的目的。这种精准性的遗传改良将为培育更适应不同气候、土壤和用途的牧草品种提供可能。

提高抗逆性：大规模的遗传数据分析可以揭示牧草在面对病虫害、气候变化等逆境时的遗传机制。深入了解抗逆性相关基因，将有助于培育更具抗逆性的牧草品种，提高其在不同环境条件下的生存能力。

改善饲用价值：通过数字化手段对牧草的营养成分进行精准测定，有望培育更为营养丰富和符合畜牧业需求的牧草品种，从而提高畜牧业的生产效益。

促进资源可持续利用：通过数字化手段，实现对牧草资源的精准管理，避免资源浪费，提高资源利用效率，有助于实现畜牧业的可持续发展。过度放牧和不合理的牧草管理可能导致生态系统受损。

牧草数字化育种在提高畜牧业的生产效率、抵抗动物疫病、适应气候变化、保护生态系统和提高农业经济效益等方面具有重要的意义，为畜牧业的可持续性和食品供应安全做出了重要贡献。牧草数字化育种不仅推动农业生产方式的转型，而且能为人类提供更加可持续、高效的食物生产方式。这一技术的应用有望为畜牧业的发展注入新的动力，推动农业产业的现代化和智能化 (图 2-1)。

随着基因组学和生物信息学的进步，科学家们能够更加深入地了解牧草基

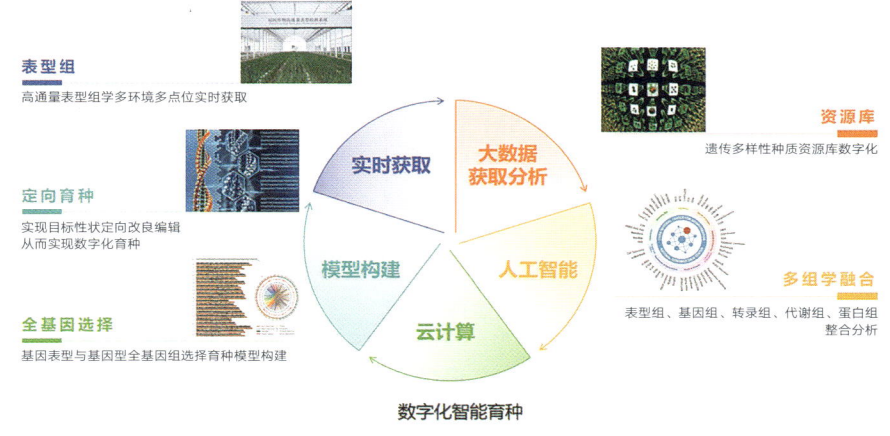

图 2-1 牧草数字化育种概况

因的结构和功能。大数据技术的应用使得人们能够在更大规模上收集、存储、分析和共享遗传信息。这一背景为牧草数字化育种提供了坚实的科学基础。

2.1 牧草遗传信息数字化

2.1.1
牧草的遗传多样性

图 2-2 为牧草种质资源鸭茅不同株高品种杂交育种亲本材料。

牧草遗传多样性指牧草物种内或物种间基因、基因型及其组合的变异性，涵盖三个层面：基因层面、基因型层面和表型层面。对牧草智慧生产有三个核心作用：首先是牧草适应环境变化（如气候变化、病虫害）的基础；其次为牧草育种提供丰富的基因资源（如抗虫基因、耐盐碱基因）；最后，能够维持草原生态系统稳定性与生产力。具体如下：

一是牧草适应环境变化方面。气候变化背景下，遗传多样性是牧草物种长

图 2-2 不同性状鸭茅品种资源

期生存的"基因保险"。全球气候变化背景下，携带耐高温基因和抗病虫害基因的牧草品种会成为未来暖干化草原的优势品种。

二是牧草育种方面。首先是抗逆品种培育，从野生牧草中筛选抗旱基因（如冰草属的脱水素基因），导入栽培品种以提高抗旱性。其次是品质改良，利用豆科牧草（如苜蓿）的高蛋白基因资源，培育高营养价值品种。最后是杂种优势利用，通过不同遗传背景材料杂交（如羊草与赖草），获得产量、抗逆性显著提升的杂交种。

三是维持草原生态系统方面，首先是维持草原生态系统韧性。遗传多样性高的牧草群体更能抵御极端气候（如干旱、高温）和病虫害暴发。其次是促进生物多样性。多样化的牧草为草食动物、昆虫提供多样食物与栖息地，维持食物链稳定。

未来对牧草遗传多样性的利用，分子标记与基因组学技术将成为主流。结合人工智能（如机器学习）加速基因-性状关联分析将成为关键技术被广泛应用。利用基因组选择（GS）、基因编辑（如 CRISPR-Cas9）技术，定向改良牧草性状，同时保留遗传多样性。培育多抗、广适性品种，减少对单一基因型的依赖。

（1）重要牧草品种的遗传信息　牧草在种植业和畜牧业领域具有重要地位，有助于提高生产效益、改善饲养动物健康和土壤肥力。不同品种的牧草具有不同的种植业和畜牧业特性，在不同用途和生态条件下发挥着各自的作用，从而满足种植业和畜牧业的需求。因此，选择适当的牧草品种对于种植业和畜牧业的成功至关重要。

苜蓿 (alfalfa)
学名：*Medicago sativa*

苜蓿是一种多年生草本植物，具有高度的遗传多样性。育种者通过选择和杂交，提高了苜蓿耐旱、抗病虫害和产量特性。苜蓿种质资源库中包含丰富的遗传资源，用于改进各种畜牧和饲用牧草品种。苜蓿具有高产量、高蛋白质含量和优质草料的特性，适合干草和青贮料的生产，是牛、羊和马等草食动物的主要饲料之一，有助于提供高质量的饲料，促进畜牧业的生产（图 2-3）。

图 2-3　苜蓿

黑麦草 (ryegrass)
学名：*Lolium perenne*

黑麦草是一种常见的牧草，常见于牧场和草坪。具有高产量和优质饲料特性，适用于饲料生产和草地改良，广泛用于奶牛、绵羊和其他牲畜的饲养，可提供高质量饲料和改善放牧地的品质（图 2-4）。

图 2-4　黑麦草

鸭茅 (orchardgrass)
学名：*Dactylis glomerata*

鸭茅是一种禾本科草本植物，生长于温带和亚热带地区。作为重要的牧草和饲料，鸭茅已被广泛引进到世界各地用于牧场管理和畜牧业生产。鸭茅的耐旱性和抗病虫性使其在不同气候条件下都具有一定优势，而其高产量和饲料价值有助于提高牲畜的生产效益（图 2-5）。

图 2-5　鸭茅

狼尾草 (pennisetum)
学名: *Pennisetum alopecuroides*

狼尾草是一种耐旱的多年生草本植物，具有扦插繁殖、再生能力强、产量高，且栽培过程少有病虫害发生的特性，可新鲜给饲或调制成青贮料喂饲动物（图2-6）。

图 2-6　狼尾草

燕麦 (oats)
学名: *Avena sativa*

燕麦是一种一年生或两年生的草本植物，具有丰富的遗传多样性。不同品种具有不同的生长周期、耐寒性和耐旱性，适合不同地理区域种植。燕麦饲料富含能量和蛋白质，适用于牛、马和家禽的饲料，同时也可以用于改善土壤肥力。遗传育种工作已经改善了燕麦的产量和抗病性（图2-7）。

图 2-7　燕麦

羊草
学名: *Leymus chinensis*

多年生草本。须根具沙套。秆散生，直立。羊草所含营养物质丰富，在夏秋季节是家畜抓膘牧草，为内蒙古草原主要牧草资源，亦为秋季收割干草的重要饲草。这种植物耐碱、耐寒、耐旱，在平原、山坡、沙壤土中均能适应生长。在我国吉林、辽宁、黑龙江、内蒙古等地区，羊草是人工草地建植的首选草种之一（图2-8）。

图 2-8　羊草

以上是国内主要的牧草品种，每个品种都有其特定的遗传特性，用于满足不同需求。遗传多样性对于持续改进这些品种的生产能力和适应性至关重要。

(2) 分子标记和遗传图谱的构建　分子标记是以个体间遗传物质内核苷酸序列变异为基础的遗传标记，是 DNA 水平遗传多态性的直接反映。

分子标记和遗传图谱的构建是分子遗传学领域中的重要工具，用于研究物种的遗传多样性、遗传连锁关系及基因定位。

① 分子标记（molecular marker）：是 DNA 序列的特定部分，通常用来标识和检测个体、基因或染色体的遗传变异。常见的分子标记包括 DNA 标记、SSR、SNP 等，在基因组学、遗传学、生物多样性研究、生态学、疾病研究和农业等领域发挥了关键作用。分子标记可用于研究个体之间的遗传差异，检测基因型、鉴定基因、种群遗传学研究、育种选择等，以便更好地理解遗传多样性，进行种群遗传学分析，改进农作物和畜牧动物的育种工作，识别疾病相关基因，以及进行物种鉴别和亲权鉴定（图 2-9）。

DNA 标记：DNA 标记可以是特定的 DNA 片段，如限制性片段长度多态性

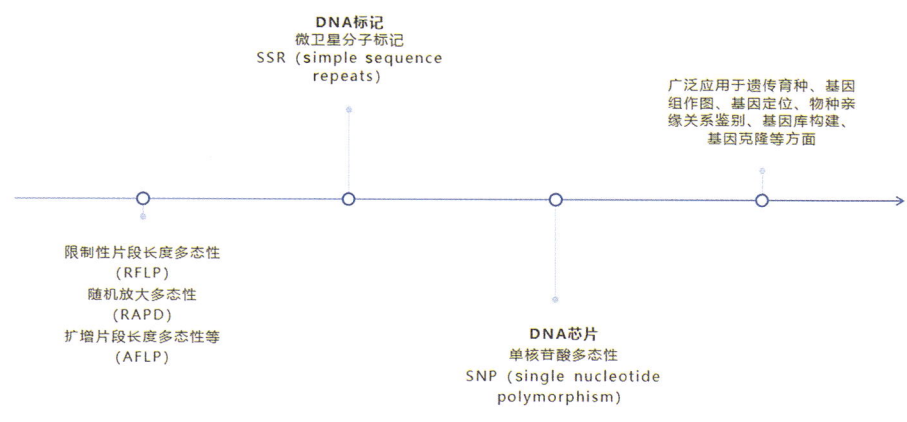

图 2-9　分子标记概况

（RFLP）或随机放大多态性（RAPD）标记。它们用于分析 DNA 序列的差异，并可用于亲权鉴定和物种鉴别。

SSR（simple sequence repeats）：又称微卫星 DNA，是由短重复序列组成的 DNA 区域，通常包含重复单元（如 CACACACA）。SSR 在种群遗传学、亲权鉴定和品种鉴定中得到广泛应用。

单核苷酸多态性（single nucleotide polymorphism，SNP）：是 DNA 中的点突变，即一种碱基替换为另一种碱基。SNP 是最常见的分子标记，用于研究个体之间的遗传差异、关联分析和基因定位。

②遗传图谱（genetic maps）：是用来描述基因在染色体上的相对位置，以及它们之间的遗传距离的图形表示。遗传图谱有助于揭示基因之间的连锁关系。遗传图谱的构建涉及测定遗传标记（如分子标记）在不同个体中的遗传连锁关系，然后用这些信息创建图谱。

遗传图谱对于基因定位、关联分析、遗传育种等应用非常有用。它们可用于解决遗传性疾病、农作物改良、物种进化和种群遗传学等领域的问题。

构建遗传图谱的一般步骤包括：收集目标物种群体的遗传标记数据，通常是分子标记；在多个个体中进行遗传连锁分析，以确定不同标记之间的相对位置和遗传距离；利用这些数据绘制遗传图谱，以显示不同标记的相对位置。

遗传图谱的构建有助于更好地理解基因之间的关系，帮助研究者进行进化生物学、农业遗传育种和人类遗传学等方面的研究；同时，分子标记和遗传图谱也为精确的基因定位和分子育种提供了关键工具（图 2-10）。

（3）牧草遗传资源信息库构建　保护和管理牧草遗传资源是农业领域的关键任务之一，对于确保畜牧业的可持续发展和全球粮食安全至关重要。牧草遗传资源保护和管理在应对气候变化、提高畜牧业生产力和适应不断变化的环境中发挥着关键作用。

牧草遗传资源的保护涉及对丰富多样的牧草品种的保存和维护工作。通过建立基因库和种质资源库，人们可以储存和保存各类牧草的遗传信息，以防止品种的丧失和基因多样性的减少。这对于未来培育更具抗病性、适应性和高产性的新品种至关重要。笔者团队长期开展牧草遗传资源研究（图 2-11）。

管理牧草遗传资源需要深入了解不同品种的遗传特性。通过分析牧草的遗

鸭茅

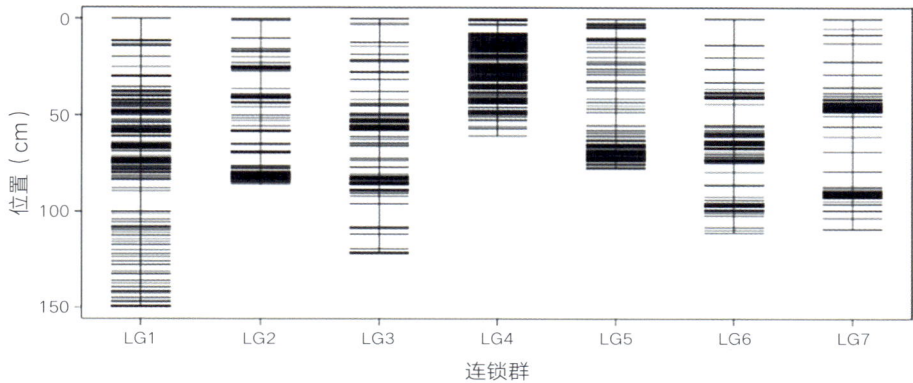

图 2-10 基于 SLAF 分子标记构建的遗传连锁图谱

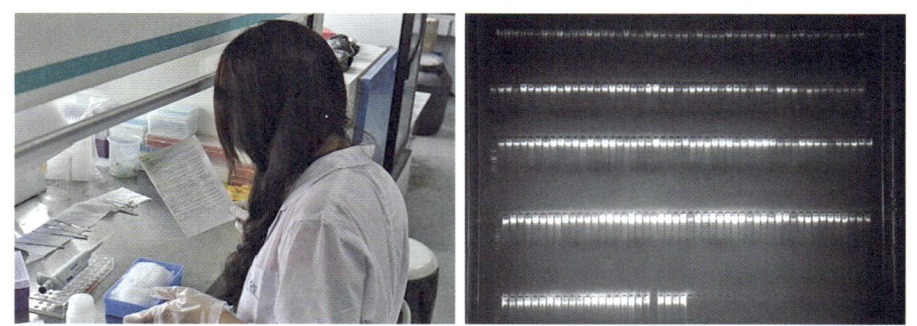

图 2-11 2014 年 8 月 12—18 日，笔者团队对鸭茅遗传连锁图谱构建杂交 F2 代群体材料进行 DNA 提取，共计材料 264 份及亲本 2 份，并对提取 DNA 样品进行琼脂糖凝胶电泳检测及核酸蛋白检测

传信息（图 2-12），笔者团队识别出具有重要经济性状的基因，并利用这些信息进行有针对性的育种。这有助于培育更适应不同气候和土壤条件的牧草品种，提高畜牧业的适应性和韧性。

对于面临生态压力和气候变化的牧场而言，选择具有较强适应性的牧草品种变得尤为重要。通过利用遗传资源多样性，人们可以培育出更为强健、抗

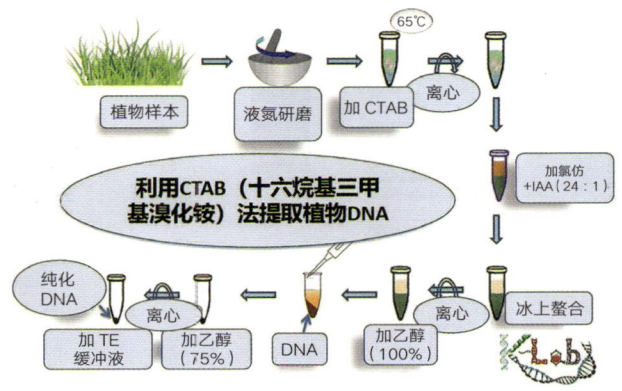

图 2-12 牧草 DNA 提取流程图

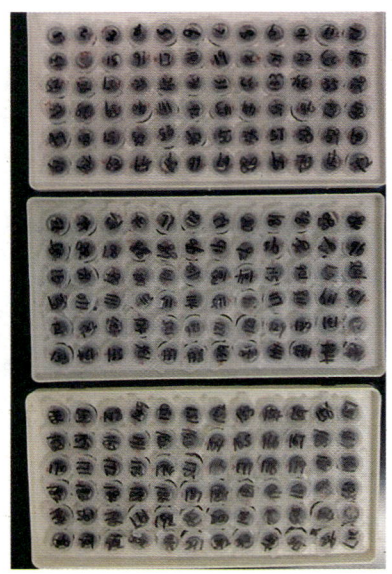

图 2-13 杂交子代 DNA 提取及样品保存

旱、抗病的新品种，从而增强畜牧业的可持续性（图 2-13）。

在全球范围内，国际合作也是保护和管理牧草遗传资源的关键方面。共享遗传资源信息、开展联合研究和合作育种项目，有助于全球畜牧业面对共同的挑战，推动畜牧业的进步和可持续发展。

图解牧草
智慧生产技术和装备

Illustrated Guide to Intelligent Production
Technologies and Equipment for Forage Grass

2.2 牧草育种表型数据管理

表型数据（phenotypic data）是描述个体生物学性状和特征的信息。这些性状可以是形态学特征、生理学指标、生长发育特征等。采集和管理表型数据对于生物学研究及育种攻关等其他领域的科学研究都至关重要。

（1）传统牧草特征信息采集　表型数据的首要来源通常是对个体进行观察和测量（图2-14）。为了确保数据的准确性和可重复性，需要进行多年多点不同环境的表型数据测量及生长产量数据的采集。田间或盆栽表型数据大都由实验人员采用适当的工具和设备采集而来（图2-15）。采集数据要采用标准化的测量和观察方法，确保数据的一致性和可比性。常用米尺、游标卡尺等传统的测量工具测量农艺性状如株高、叶长、叶宽、茎粗等，采用台秤或电子秤称量单株的鲜重或干重、千粒重等，人为计数如分蘖数、小穗数、开花期、抽穗期等性状。

图2-14　笔者开展的田间表型测量群体　　　　　图2-15　盆栽表型测量群体

表型受基因型和环境的影响，通过对同一杂交群体进行无性系繁殖（分株繁殖），对同一群体不同环境不同年限的表型数据进行测量（图2-16），对不同环境下杂交子代表型性状进行正态分布分析及主成分分析，采取多环境表型鉴定可减少环境对数量性状定位精确性的影响。测量要采用科学的标准进行，如以下农艺性状。

分蘖数：在抽穗期测定每份材料的分蘖数。

叶宽：于抽穗期用游标卡尺测定每份材料的叶宽度，测量部位为叶中部。

叶长：于抽穗期用卷尺测定材料的叶长度。

株高：测量从地面至植株的最高部位的绝对高度，于抽穗期、成熟期测量。对测量获得的原始数据进行严格保存（图2-17和图2-18）。

图2-16　笔者所在团队在农场草学实验基地测量杂交F1、F2代群体材料田间农艺性状并记录整理数据

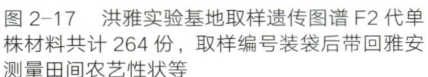

图2-17　洪雅实验基地取样遗传图谱F2代单株材料共计264份，取样编号装袋后带回雅安测量田间农艺性状等

图2-18　测量抽穗期株高、分蘖数、叶宽、叶长、单株产量等

（2）高通量表型信息采集　高通量植物表型技术是从器官、个体到群体水平上高通量、自动化获取产量、抗性、品质等相关性状的多源集成技术。利用先进的成像技术和光谱技术（图2-19），实现对植物肉眼可见的形态学指标和肉眼不可见的组分、生理、胁迫、病害等指标的可视化；利用先进的控制技术、通信技术和软件技术，实现表型性状测量和数据分析的自动化；利用先进的基于机器学习和深度学习的人工智能技术，实现多性状指标在不同场景中的智能化分析；利用这些可视化、自动化、智能化技术，可以高通量地对单株或群体尺度的植物进行长期、快速的测量分析，大大提高效率（图2-20）。

图解牧草
智慧生产技术和装备

Illustrated Guide to Intelligent Production
Technologies and Equipment for Forage Grass

图 2-19　室内高通量表型运动测量平台

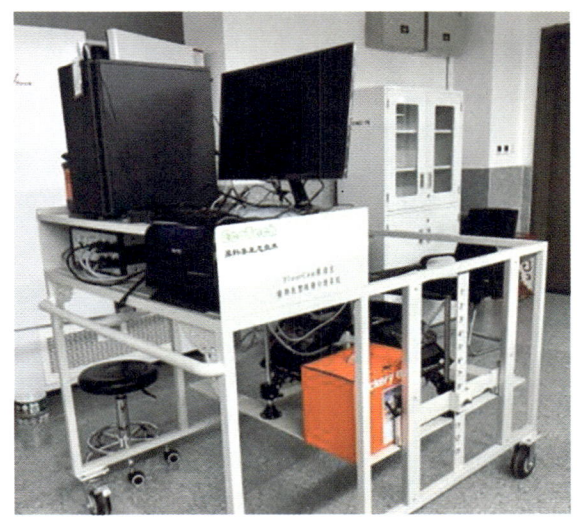

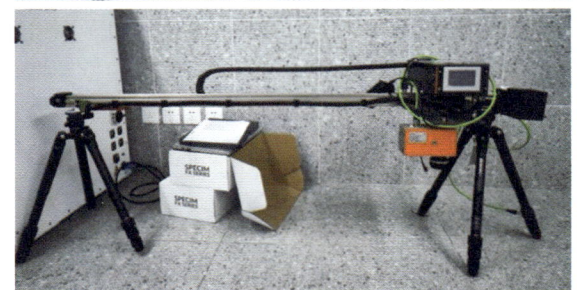

图 2-20　田间移动式植物表型测量平台和便携式移动表型数据采集设备

农业农村部《数字农业农村发展规划（2019—2025 年)》明确指出："开展动植物表型和基因型精准鉴定评价，深度发掘优异种质、优异基因，构建分子指纹图谱库，为品种选育、产业发展、行业监管提供大数据支持。"结合数字化智能育种辅助平台，挖掘基因组学、蛋白组学、表型组学等数据，制定针对定向目标性状优化育种方案，加快"传统育种"向"精确育种"转变，逐步实现定制设计育种。

多光谱表型数据采集是研究牧草的重要手段（图 2-21）。多源、多维、多谱数据的表型数据自动采集、存储分析、数据共享对于牧草研究非常重要（图2-22)，主要包括以下方面。

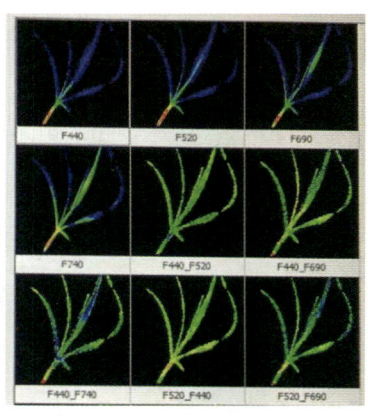

图 2-21　多光谱表型数据采集

图 2-22　牧草生产表型获取

数据录入：将采集到的表型数据录入计算机系统，确保准确性和完整性。

数据存储：建立相应的数据库或数据仓库存储表型数据。

数据标准化：统一数据格式、单位和命名规范，以便于数据集成和共享。

质量控制：实施数据质量控制措施，识别和处理异常值、缺失值等。

数据安全：采取措施确保表型数据的安全性和隐私性。

版本控制：对数据进行版本控制，确保追踪和记录数据的修改历史。

数据共享：在符合规范的前提下，支持数据共享，促进科学合作和研究进展。

（3）种质资源库和基因库的构建　建立牧草基因库和种质资源库对于推动畜牧业的科学发展和可持续管理至关重要。这一举措旨在保护和利用丰富的牧草遗传资源，为培育更为优良、适应性更强的牧草品种提供坚实的科学基础。

建立牧草基因库是保护遗传多样性的关键一环，通过收集、烘干、保存并有效管理牧草的基因样本（图2-23），避免因环境变化、自然灾害或人为因素导致的基因丧失，为未来的牧草遗传资源的保护和利用奠定了坚实基础，确保研究人员能够在不断变化的环境中持续改良牧草品种。

图2-23　种子收获烘干后待储藏

种质资源库的建立有助于充分利用不同牧草品种的遗传优势，包括对各类牧草品种的种子、种苗、花粉等样本的储存，并通过相关信息数据库对其进行详细记录。研究者可以通过这一库存的资源，选择具有特定性状、适应特定环境的品种进行育种，从而提高畜牧业的适应性和生产力（图 2-24）。

建立基因库和种质资源库有助于国际合作和资源共享，通过与其他国家或地区的研究机构建立合作关系，共同分享牧草遗传资源信息，推动全球畜牧业的进步。这种国际合作不仅有助于加速育种进程，也能够更好地应对全球性的气候变化和环境挑战。

建立牧草基因库和种质资源库，为科学家和农业从业者提供了宝贵的工具和资源，以应对不断变化的环境和社会需求。这将为未来畜牧业的研究和实践提供可靠的支持，推动畜牧业朝着更加可持续和高效的方向发展（图 2-25）。

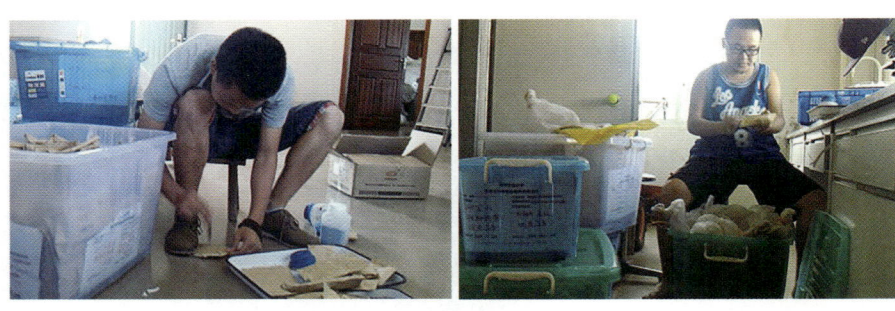

图 2-24　笔者团队于 2014 年 7 月 4 日对种子库鸭茅种子进行整理，并更换干燥剂，防止鸭茅种子受潮，以便鸭茅种子长期保存于 4℃冷库

保护遗传多样性
通过收集、保存并有效管理牧草的基因样本，可以避免
因环境变化、自然灾害或人为因素导致的基因丧失

1

充分利用遗传优势

2

选择具有特定性状、适应特定环境的品种
进行育种，提高畜牧业的适应性和生产力

3

国际合作和资源共享
有助于加速育种进程，应对全球性的
气候变化和环境挑战

图 2-25　牧草科学育种

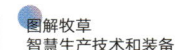

图解牧草
智慧生产技术和装备

Illustrated Guide to Intelligent Production
Technologies and Equipment for Forage Grass

2.3 牧草育种表型和基因型关联技术及装备

全基因组关联分析(whole genome association analysis)是以连锁不平衡(linkage disequilibrium，LD)为基础，确定某一特定群体的目标性状与候选基因或遗传标记之间关系的一种遗传分析方法。相比于人工作图群体，用富含基因资源的野生自然群体作为目标性状的基因资源库，通常会获得更加丰富的针对目标性状的基因位点及更多的等位基因，并且在此基础上开发的分子标记辅助选择技术能应用到更为广泛的遗传背景中。对于育种研究者来说，捕获和转移遗传变异性很大的复杂目的性状非常困难。在大多数情况下，由于现有可利用种质资源的育种程序及资源的匮乏，仍然存在很多遗传变异未被开发。

在全基因组关联分析研究中，高通量基因型分型平台的快速发展可用于全基因组的遗传标记的开发和检测，且已被用于多年生草本植物中，如鸭茅、多年生黑麦草等（图 2-26）。全基因组关联分析用于识别鉴定与目的性状相关的基因突变，为复杂性状的等位基因结构和基因组功能理解分析提供了

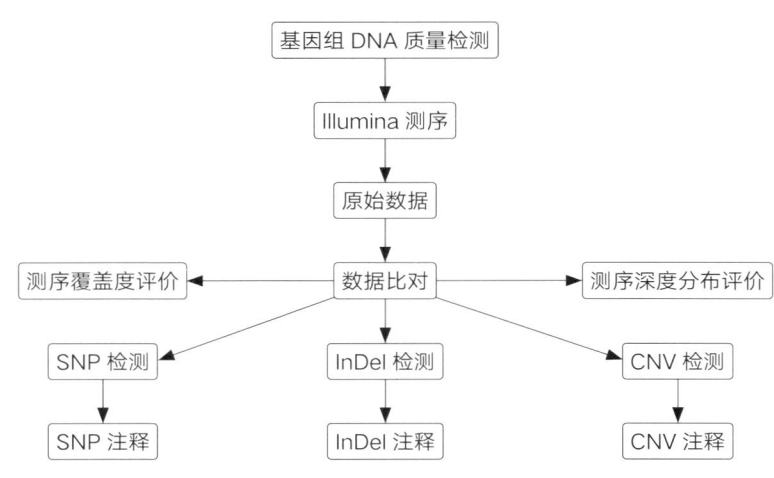

图 2-26 高通量遗传信息检测与获取

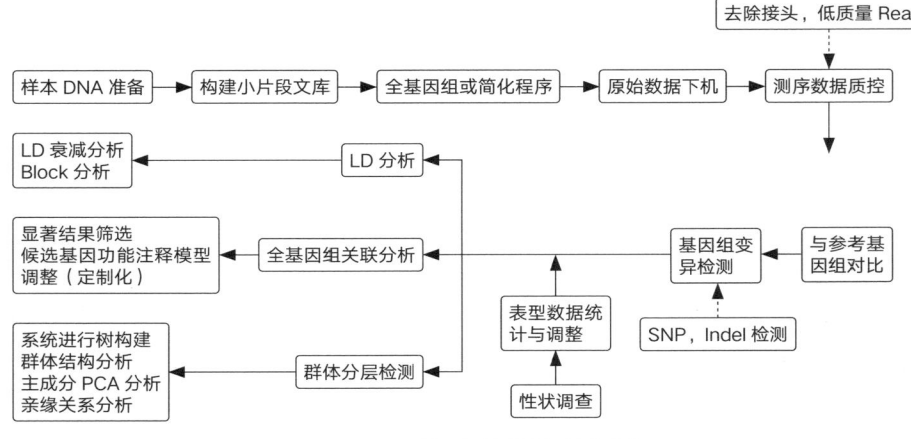

图 2-27　基于全基因组关联分析技术路线

有效途径。运用先进的基因型分型技术，全基因组关联分析成为植物育种的强大工具之一。全基因组关联分析已经在一些多年生牧草中有应用研究，例如高羊茅、多年生黑麦草等异花授粉植物。通过使用高通量测序平台，例如 GBS(genotyping by sequencing)、RAD(restriction association site DNA) 等新型测序技术，全基因组关联分析能够在有限的遗传信息中挖掘更多大量的 SNP。因此，全基因组关联分析成为植物基因组辅助育种的重要工作之一。

关联分析研究一般是自然群体，无需构建群体，节约群体构建时间（利用作图群体或是多亲本衍生家系样本除外）；可同时对同一个基因座的多个等位基因进行分析；利用自然群体长期进化过程中累积的重组信息，定位结果分辨率更高，甚至可以直接定位到基因本身（图 2-27）。以下为其关联分析局限性。

随机交配掩盖基因座间连锁关系：样本来源比较复杂，在这样的群体中长期的随机交配会掩盖基因座位间的连锁关系，两个座位间存在遗传上的连锁，但不一定能够看到不平衡存在。

群体结构导致定位结果假阳性：如果个体是来自于不同遗传结构的亚群，由于群体结构的存在，独立遗传基因座位间可以检测到关联信号，但是两个基因座位间的连锁不平衡来源于群体结构。

图解牧草
智慧生产技术和装备
Illustrated Guide to Intelligent Production
Technologies and Equipment for Forage Grass

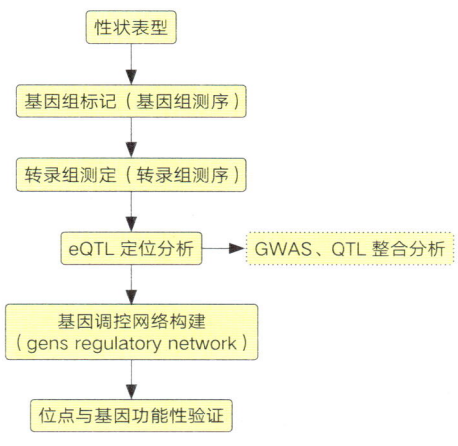

图 2-28　基于数量性状定位技术路线

关联分析中需要大量的分子标记，从中找到与性状基因紧密连锁的标记，期望这些标记与基因间的不平衡尚未被随机交配打破。

连锁分析是指表型差异较大的两个纯系亲本杂交衍生的作图群体，只要存在连锁，在群体中就能观测到连锁不平衡；另外，群体有明确的等位基因和等位基因频率，不存在群体结构。在这样的群体中不平衡和遗传连锁互为因果关系。相较于全基因组关联分析（GWAS），利用连锁分析检测罕见变异更有效（图 2-28）。连锁分析数量性状基因座（QTL）定位的局限性包括以下几种。

需要构建作图群体：耗时长，而且有些物种构建群体难度大。

检测 QTL 的个数有限：分离群体来自于双亲，连锁分析也只涉及双亲间存在差异的位点，如果 QTL 在双亲间基因型一致，那么这个位点会被遗漏。同时也无法分辨检测到的 QTL 位点是否存在复等位基因。

QTL 分辨率低：双亲构建的作图群体，只有有限代（几次到十几次）的重组事件发生，基因座间发生重组的次数有限，即使标记密度再密，最终定位的区间受重组的限制也相对会大一些。

QTL 有效性的限制性：一个群体中特定环境下定位的 QTL 在其他杂交组合中不一定存在或者效应值不同，因此双亲群体中特定环境检测到的 QTL 有待其他群体和环境的验证。

图 2-29　鸭茅重要核心材料杂交 F2 代群体共 264 株移栽至洪雅实验基地

图 2-30　田间形态学筛选

　　作图群体实验材料等分为两套无性系，移栽至不同实验地区，用于实验材料多年多点数据分析，为后期实验夯实数据基础。本实验核心材料计划分别种植于雅安和洪雅两市实验基地，雅安市选择种植于四川农业大学实验教学农场基地，洪雅市选择种植于阳坪种牛场实验基地，两基地均有专业管理人员负责照管实验材料（图 2-29）。

　　洪雅基地实验材料共占地约 100 米 ^{2}，以株行间距 0.5 米 ×0.5 米移栽核心科研材料，对材料按照编号进行标牌，并记录田间种植图，制作电子版本种植图以供备份。

　　雅安实验基地杂交 F2 代群体共 361 份单株于 2013 年 9 月移苗至田间，2013 年底鉴定出假杂种 18 份，另外有未存活材料 10 余份，在经过田间形态学筛选后，选出 264 份单株用于 F2 代分子标记及形态学观测，最终作为重要农性状 QTL 定位实验核心材料（图 2-30）。

图解牧草
智慧生产技术和装备

Illustrated Guide to Intelligent Production
Technologies and Equipment for Forage Grass

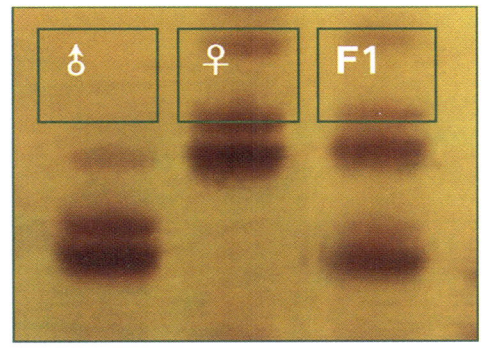

图 2-31 真假杂交子代 SSR 分子标记鉴定胶图

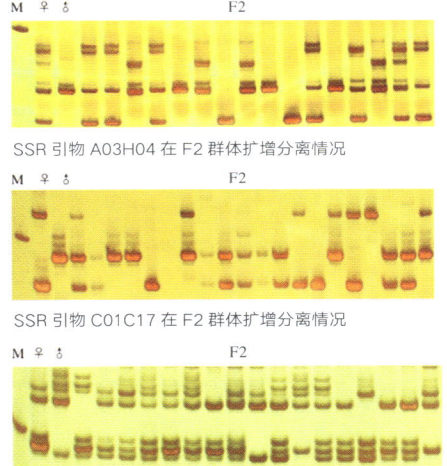

SSR 引物 A03H04 在 F2 群体扩增分离情况

SSR 引物 C01C17 在 F2 群体扩增分离情况

SSR 引物 OGA148 在 F2 群体扩增分离情况

图 2-32 基于双拟测交策略，符合孟德尔分离规律 11×11 或 11×11 1∶1 或 11×11 3∶1 分离鸭茅四倍体 SSR 引物筛选用于遗传连锁图谱构建

宝兴实验基地杂交 F1 代群体共 88 单株，于 2013 年 10 月 30 日由雅安实验基地分栽而来。此次前往宝兴实验基地主要任务是观测记录实验材料物候期，并将性状与分子标记鉴定胶图对照（图 2-31）；同时进行杂草处理及灌水施肥等田间管理工作。宝兴属于鸭茅原产地之一，因此将鸭茅杂交 F1 代材料移栽至宝兴能使其在适宜的环境下生长，以期得到较稳定和有保障的实验田间数据。最终完成了鸭茅重要性状 QTL 定位实验，获取了形态数据（图 2-32）。

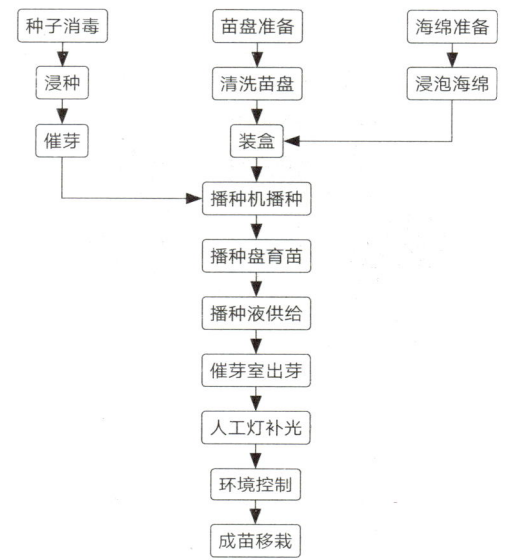

图 2-33　育苗工厂化生产工艺流程

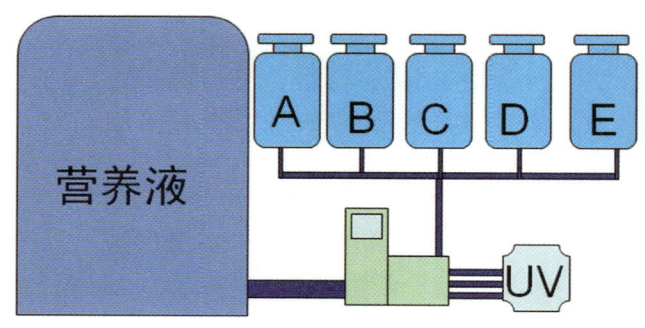

图 2-34　水肥一体化示意图

　　为了提高育种质量，基于上述技术研究，笔者团队设计了采用全封闭工厂化育苗技术路线，实现了订单式精准育苗，满足了智慧牧场周年连续高质量牧草栽培的育苗需求，达到了国际一流水平。育苗与水肥工艺路线见图 2-33。系统的水肥控制见图 2-34。

图解牧草
智慧生产技术和装备

Illustrated Guide to Intelligent Production
Technologies and Equipment for Forage Grass

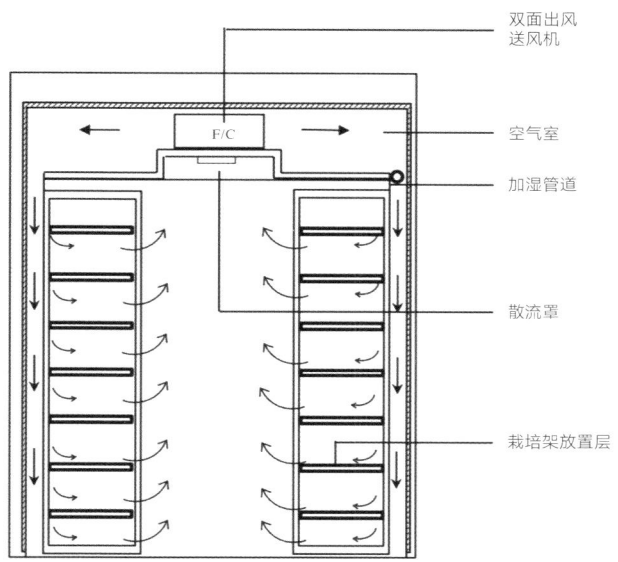

双面出风
送风机

空气室

加湿管道

散流罩

栽培架放置层

图 2-35　育苗系统内部示意图

　　牧草育苗的实验装置：育苗生产在育苗水肥区进行，共设置 5 个全人工光独立封闭式育苗小区，每个育苗小区面积 40 米²，每次可育苗 4 800 盘，总计一次可育苗 24 000 盘，如连续运转，每年最多可完成育苗 1.78 亿株(图 2-35)。

图解牧草
智慧生产技术和装备

Illustrated Guide to Intelligent Production
Technologies and Equipment for Forage Grass

3
牧草工厂化栽培

图解牧草
智慧生产技术和装备
Illustrated Guide to Intelligent Production
Technologies and Equipment for Forage Grass

图 3-1　美国农业部牧草与草原实验室温室大棚

3.1　牧草工厂化栽培环境控制

　　牧草工厂化栽培是畜牧业现代化的重要组成部分，而温度、湿度、光照等环境因素则在牧草生长过程中扮演着关键的角色。温度、湿度是植物健康生长的必需条件。光照是植物生长的能量来源，对于牧草的光合作用和生长发育至关重要。牧草工厂化栽培通常依靠人工供给光照，通过人工光源来延长日照时间，提高光合效率。深入研究不同光照条件下牧草的生长反应，可以制定合理的光照方案，使牧草在工厂化栽培环境中获得充足的光合能量，进而提高产量和品质。为提高牧草的产量和质量，发达国家对牧草栽培环境影响机制进行了深入研究（图 3-1）。

　　在温室条件下，可以通过控制温室温度、湿度和光照强度，模拟不同季节和气候条件，为牧草提供适宜的生长环境。可以采用工厂化垂直栽培方式，提

图 3-2 工厂化方式生产牧草

高单位耕地面积的牧草产量。同露天栽培不同，温室内用工厂化方式生产牧草需要人工改善气候条件，受外界自然环境因素的影响较小。因此，在冬季也可以定时定量提供新鲜牧草（图 3-2）。

不同品种苜蓿对温度、湿度、光照的适应性和敏感性存在差异，因此需要根据具体品种的需求进行调整（图 3-3）。这些因素和水肥之间又存在一定的互作关系，在调控环境因素的同时，还需要对水肥进行同步调控。另外，遗传改良和选择适应性强的品种，可以部分消除干旱和高温等环境因子胁迫的影响，提高牧草在工厂化栽培中的适应性和生长性能。

在工厂化栽培中，智能化的环境监测与控制系统也发挥着重要作用。笔者所在单位中国农业科学院都市农业研究所杨其长、王森团队在集装箱中进行大麦苗牧草的工厂化生产（图 3-4），该系统提高了饲草的利用率，产生了可观的经济效益。该系统通过安装传感器和自动控制设备，可以实现对水温、光照、湿度等环境因素的实时监测和调控，高效完成大麦从种子发育到大麦苗，形成新鲜牧草产品（图 3-5）。该系统提高了栽培的精准性和稳定性，确保牧草在适宜的环境条件下生长，可以作为牧草生产的补充手段，通过开展技术培训，实现规模化推广（图 3-6）。

在实际应用中，可以通过设立实验田、控制温室环境、采用智能栽培系统等手段，进行水温光研究的模拟和验证。同时，建立大规模的牧草工厂化栽培示范项目，结合实际生产情况，验证研究成果的实用性和可行性。

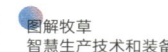

图 3-3　不同苜蓿适应性和敏感性存在差异

图解牧草
智慧生产技术和装备

Illustrated Guide to Intelligent Production
Technologies and Equipment for Forage Grass

图 3-4　集装箱式牧草生产系统

图 3-5　集装箱内大麦从种子发育到大麦苗

图 3-6　技术展示和培训

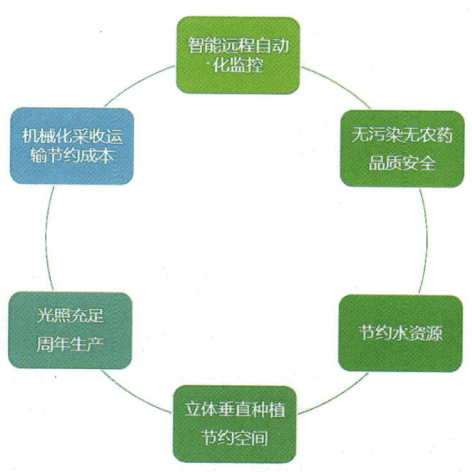

图 3-7　工厂化牧草栽培优势

　　工厂化牧草栽培优势非常明显。通过深入了解牧草的生理响应机制，优化栽培环境，结合机械化采收、立体垂直种植等智能化技术的应用，能够提高工厂化栽培的效益（图 3-7），推动畜牧业朝着更加科学、高效和可持续的方向发展。这将为畜牧业提供更为丰富的优质饲料资源，助力畜牧业实现更高水平的生产和发展。

3.2　工厂化栽培品种筛选培育

牧草工厂化栽培作为提高畜牧业生产效益、减少环境影响的关键措施之一，备受关注。为了实现高产、高质、可持续的牧草工厂化栽培，需要深入研究并整合先进的品种选择和配套栽培技术。

3.2.1
品种选择的关键因素

通过系统性的适应性分析，考察牧草在不同环境下的适应性，以确保选用品种能够充分发挥其生长潜力。评估产量和质量特性，旨在选用既高产又具有良好饲用价值的品种，以满足不同畜牧业的需求。以下是工厂化栽培牧草品种选择的关键因素。

（1）生长周期和生产力　工厂化栽培需要快速、高效的生长周期，以确保持续的牧草供应。选择具有短生长周期和高生产力的品种是关键因素之一，有助于提高牧草的产量，满足畜牧业对饲料的需求。

（2）抗逆性和适应性　工厂化栽培通常要面对不同的气候和土壤条件。因此，选择具有良好抗逆性和适应性的牧草品种至关重要。抗逆性强的品种能够更好地应对极端天气、病虫害等逆境，确保稳定的产量。

（3）营养价值和品质　畜牧业对牧草的营养价值和品质要求较高。选择富含优质蛋白质、维生素和矿物质的牧草品种，能够提供优质的饲料，有助于提高畜牧业的生产效益。

（4）耐踩踏性和耐刈割性　在工厂化栽培中需要多次的牧草收割和人工管理。因此，选择具有较好耐踩踏性和耐刈割性的品种，能够保持牧草地的稳定性，减少牧草品质的波动。

（5）抗病性与抗虫性　牧草品种的抗病性与抗虫性直接影响到工厂化栽培的稳定性。选择具有较强抗病性与抗虫性的品种，有助于降低病虫害对牧草产量的影响，减少农药的使用。

（6）适应机械化收割　工厂化栽培通常采用机械化收割，因此选择适合机

图 3-8　不同禾本科牧草品种在工厂化栽培环境下表型差异

图 3-9　植物工厂水培豆科牧草苜蓿

械化收割的牧草品种显得尤为重要。这包括植株的高度、分枝性等特征，以确保机械化收割的高效性和成本效益。

（7）饲用特性和口感　牧草优质的口感和饲用特性有助于提高畜牧业的饲料利用率，促进牲畜的健康和生产性能。不同禾本科牧草品种在工厂化栽培环境下表型存在差异（图 3-8）。

工厂化栽培牧草品种选择的关键因素涉及生长周期、抗逆性、营养价值、耐踩踏性、抗病性与抗虫性、适应机械化收割、饲用特性等多个方面。通过分析牧草品种对病虫害的抗性和对逆境条件的适应性，确保选用的品种在不同环境下能够保持稳定的生长状态，减少生产风险。植物工厂也可以栽培特定品种的牧草，用作育种或科学实验（图 3-9）。

图解牧草
智慧生产技术和装备

Illustrated Guide to Intelligent Production
Technologies and Equipment for Forage Grass

为了推动牧草品种的进一步优化，可运用现代分子生物学技术，如遗传标记，提高选育效率。这种基于遗传标记的选育方法不仅能够加速新品种的培育速度，还能更精确地选择具有优良特性的个体。

3.2.2
工厂化栽培牧草新品种培育的关键策略

培育适应性强、生长速度快的牧草品种，以适应工厂化栽培的高密度种植和机械化管理。通过定向选择和杂交培育多功能性的品种，确保牧草既能提供高质量的饲料，又能改善水资源利用效率等。以下是促进牧草工厂化新品种培育的主要策略。

（1）基因组学与遗传育种的整合　利用基因组学技术，对牧草的基因组进行深入解读。识别与生长周期、抗逆性、饲用价值等相关的关键基因，为精准选育提供遗传基础。整合遗传育种方法，通过选择性育种和遗传改良手段，迅速获得适应工厂化栽培的新品种。

（2）多层次高通量筛选技术的应用　引入多层次高通量筛选技术，包括分子标记辅助选择、表型筛选等手段，对大规模牧草品种进行快速筛选，有助于提高选育效率，迅速鉴定具有优异性状的个体，为工厂化栽培的新品种提供强有力的支持。

（3）高效数字化管理与信息化支持　采用数字化管理手段，对牧草生产的各个环节进行精准管理，包括种植、施肥、灌溉等。借助信息化技术，实现对生产数据的实时监测与分析，为新品种的适应性和生产力提供数据支持。

（4）精准遗传改良技术的应用　通过应用现代遗传改良技术，如 CRISPR／Cas9 等，实现对牧草基因的精准编辑，可以加速新品种的培育过程，提高培育的精准性，确保新品种具有更好的抗逆性、生长性能和饲用价值。

（5）机械化收割和管理特性　注重培育适应机械化收割和管理的特性，包括植株的高度、分枝性、抗踩踏性等，以确保新品种适应机械化操作，提高生产效率。

（6）多学科合作与产学研结合　实施多学科合作，整合生物学、农学、信息技术等多个学科的优势，形成牧草新品种培育的综合研究团队。与畜牧业企业、农业合作社等产业界紧密合作，将科研成果快速转化为实际应用，促进产业的现代化和智能化。

通过综合运用这些关键策略，培育出适应工厂化栽培的新品种，为畜牧业提供更加高效、可持续的牧草资源。这不仅有助于提高畜牧业的生产效益，也符合现代农业发展的方向，推动畜牧业向数字化、智能化的未来迈进。

3.2.3
配套栽培技术体系研发

（1）精准水肥管理　实施精准水肥管理是工厂化牧草栽培的核心。根据牧草品种的生长周期、营养需求状况，制订科学合理的施肥方案。利用现代化的水肥一体化设备，实现对施肥量和频率的精准控制，确保牧草获得足够的养分，提高产量和质量。

（2）智能化生长环境监测　引入智能化技术，建立生长环境监测系统。通过传感器监测牧草生长环境的温度、湿度、光照等参数，实时采集数据并进行分析，有助于及时发现生长环境中的异常情况，提高对牧草生长状态的监测精度，为科学管理提供数据支持。

（3）牧草品种间搭配与轮作　工厂化栽培中，通过合理的牧草品种间搭配和轮作，实现养分平衡和持续利用。优选互补性强、生长周期不同的品种，有效避免连作难题，从而提高牧草品质和牧草产量。

（4）病虫害防控策略　病虫害防控是工厂化牧草栽培中不可忽视的一环。制定科学的病虫害监测与防控策略，结合现代农业技术，确保牧草生长的健康性和稳定性。

（5）机械化收割与管理　适应工厂化栽培的牧草品种应具备适应机械化收割和管理的特性。因此，结合机械化收割设备，合理设计牧草田地的结构和布局，确保机械化操作的高效性和成本效益。选育具有适应性强、植株结构合理的品种，以提高机械收割的效率。通过引入高效的机械化收割和处理技术，不仅能够提高生产效益，还能减少劳动力成本，使工厂化牧草栽培更加经济可行。

在牧草工厂化栽培领域，通过科学的品种选择和配套栽培技术的研发，推动工厂化牧草栽培朝着更高产、更优质、更环保的方向发展，为畜牧业的现代

图解牧草
智慧生产技术和装备

Illustrated Guide to Intelligent Production
Technologies and Equipment for Forage Grass

图 3-10 笔者团队设计的楼顶人工模拟工厂化种植机器人

化做出贡献。通过综合应用上述工厂化牧草品种配套栽培技术，我们有望实现对牧草生产全过程的精细化管理和科学化操作，提高牧草产量和质量，推动畜牧业朝着数字化、智能化的未来发展。这不仅有助于提高养殖业的经济效益，同时也符合可持续农业发展的方向。

3.3　牧草工厂化栽培创新实践

在工厂化牧草栽培的产业需求驱动下，智能化管理成为优化生产、提高效益的关键策略。为了牧草产业实现更高效、更智能的管理模式，推动农业向着数字化、智能化的未来迈进，实时监测与智能化管理的结合，将为工厂化牧草栽培注入新的活力，助力农业可持续发展。笔者研制的楼顶人工模拟工厂化种植机器人见图 3-10。

3.3.1
智能化管理

（1）传感器技术的应用　实时监测的核心是传感器技术的广泛应用。采用各类传感器，包括土壤传感器、气象传感器、水分传感器等，实现对牧草生长

环境的实时监测，通过部署这些传感器，能够实时获得土壤的水分、温度和养分信息，了解空气中的温度、湿度、光照强度等参数，从而为决策提供准确的数据支持。

（2）数据采集与大数据分析　获得的实时数据通过物联网技术进行高效的数据采集，并通过大数据分析进行深入挖掘。利用先进的数据分析算法，对牧草生长的关键因素进行综合评估，包括光合效率、水分利用效率等，有助于及时识别潜在的生产问题，从而采取迅速、精准的管理措施。

（3）智能化决策支持系统　基于实时监测和大数据分析的结果，研发智能化决策支持系统。系统结合牧草生长的实际情况，通过人工智能算法为管理者提供科学的决策建议。例如，根据土壤湿度和气象条件，系统可能建议进行特定时段的灌溉，或者调整施肥方案，以最大限度地提高牧草的产量和质量。

（4）自动化管理与机器人技术　实时监测的数据不仅用于决策支持，还能驱动自动化管理和机器人技术的应用。研究开发智能化的农业机器人，能够根据监测数据自主进行施肥、灌溉、收割等工作，不仅提高了生产效率，还减轻了农业劳动力的负担。

（5）无人机技术在监测中的应用　无人机技术是另一个突破口，用于实现大规模牧草地的高效监测。通过搭载传感器的无人机，能够对广阔的牧草地区进行快速、高精度的监测。这为管理者提供了全方位、多维度的数据，帮助其更好地了解牧草生态系统的动态变化。

笔者团队研究了人工光与自然光牧草工厂（图 3-11）。玻璃温室具有外形美观、坚固耐用；环境控制能力强，智能化程度好，控制灵活；透光好、通风

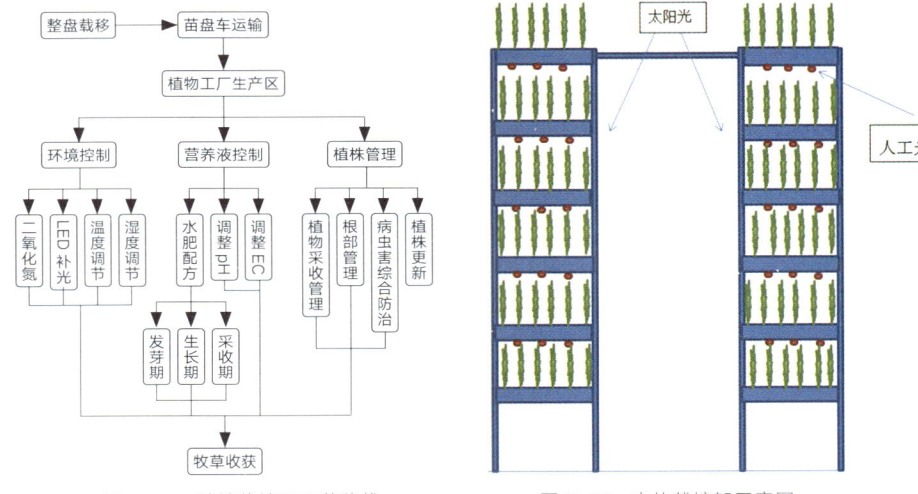

| 图 3-12 种植栽培区工艺路线 | 图 3-13 立体栽培架示意图 |

效果好；土地及空间利用率高；保温、降温效果佳；冬夏季运行成本较低等特点。温室配置包括顶开窗自然通风系统、外遮阳系统、内保温系统、强制降温系统、加温系统、电控系统。

3.3.2 牧草工厂化栽培工艺路线

笔者团队针对内蒙古等牧区，设计了工厂化栽培工艺路线，将人工光与自然光结合，打造牧草工厂化生产模式，种植栽培区主要工艺路线，包括环境控制系统、营养液控制系统、植株管理系统等（图 3-12）。

植物工厂生产区采用垂直立体栽培，其配置的立体栽培架采用热镀锌方管焊接，每组栽培架长 43 米、宽 0.6 米、高 5.5 米，共计 6 层，顶部使用热镀锌方管把所有栽培架东西向连接为一个整体，防止倒伏（图 3-13）。

栽培箱采用 pp 材料开模一体化制成，长 1.5 米、宽 0.58 米、高 0.3 米，距底部 5 厘米安装 3 排喷雾装置，顶部安装挤塑种植板，定植板开宽 5 厘米条

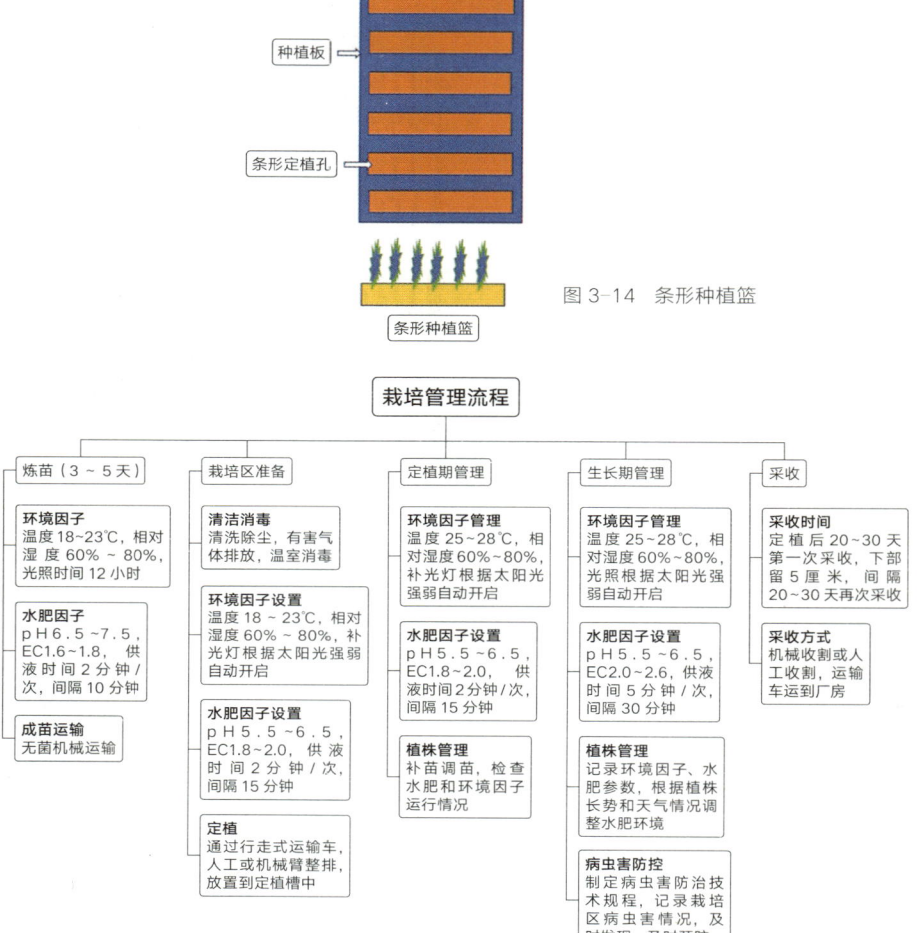

图 3-14 条形种植篮

图 3-15 牧草工厂化栽培流程

形孔，只需把直播好的条形定植篮放上即可，方便定植，栽培箱之间采用串联模式集中供液（图 3-14）。

笔者团队设计的智能牧草工厂采用订单式种植、精准化管理的模式。牧草栽培管理采用全流程控制的方式（图 3-15）。

图解牧草
智慧生产技术和装备

Illustrated Guide to Intelligent Production
Technologies and Equipment for Forage Grass

图 3-16　施肥机

3.3.3
智能牧草工厂装备

　　智能牧草工厂的主要装备包括施肥机、弥雾系统、管道、营养池、过滤器、强磁系统、杀菌器、发电机、补光系统、环境控制系统、加热系统、遮阳系统、内保温系统、自动控制软件系统等。

　　(1) 施肥机　根据雾培系统栽培特点，施肥机配有六路母液通道，六路母液分别为氮、钾、钙、酸、微量元素 A、微量元素 B。根据牧草不同的生长阶段，随时调整营养液配方和营养液浓度（图 3-16）。

　　(2) 架设弥雾管道与安装喷头　喷头的质量与雾化效果直接影响气雾栽培植物的生长效果，所以气雾栽培需选择寿命长且造雾粒径细小而均匀的喷头，目前用得最多的是韩国产的"十"字弥雾喷头，该喷头由 4 个小喷头"十"字形组装而成，而且基部有止滴阀与稳压阀，在同一管道系统中的喷头可以达到均

图 3-17　弥雾效果检查

图 3-18　管道系统布置

衡的压力。架设装有喷头的管道后要调整好管线的角度，让喷头达到最佳的造雾效果。是否做到塔内无死角均匀雾化，直接影响到栽培牧草的生长整齐度（图 3-17）。

（3）管道系统的埋设安装　管道系统除了弥雾管外，还有主管、侧管与支管。管道采用 3～4 级变径布设的方式，一般主管为 75～80 号，侧管为 63～65 号，支管为 40～50 号，弥雾管统一为 25 号管。如果每区喷头多、供水量大，主管还可以放大至 90 号，但生产上分区不宜太大，否则匹配的水泵功率也相应增大。一般以每小区 400～500 个喷头为宜，这样雾化效果最好，管道系统只需三级布局即可。一般管道采用埋设方式，一是有利于液温稳定，二是方便管理，同时也减少管道老化（图 3-18）。

（4）营养液池的建设　营养液池的大小与水培池不同，它在种植系统中不蓄水，所以营养液池无需像水培池那样大，只需针对气雾培养缓冲性小的特点，以小池多配的方式，降低营养液浓度管理与 pH 管理的技术要求。长时间使用

图 3-19 不同营养液储备方式

图 3-20 动力泵

一池营养液，需在中期进行各方面的检测调节管理，给技术的实施带来了烦琐性，所以气雾栽培的营养液池以小池多配的原则建设（图 3-19）。

（5）水泵的配备

①动力水泵的选配。水泵是雾化的主要动力，水泵的功率和扬程由每个分区的喷头数量决定，一般以 2 000 个喷头作为一个弥雾区，配以 4 000～5 000 瓦水泵，功率宜大不宜小，功率大时可以减压（减压方式是于管侧安装 1 个三通，让部分水回落至营养液池即可），功率小时雾化效果会受影响，但水泵压力过大时不减压，会导致喷头因压力过大受到冲击或掉落。采用雾化喷头，所匹配的水泵大多是 500 个喷头匹配 1 000 瓦功率，粗略计算则为 1 个喷头 2 瓦。水泵一般选择自吸泵，潜水泵也可，但需要防化学腐蚀，否则长期浸泡于营养液中易坏。水泵的进水端需安装底阀，防止停止工作时管内水回流（图 3-20）。

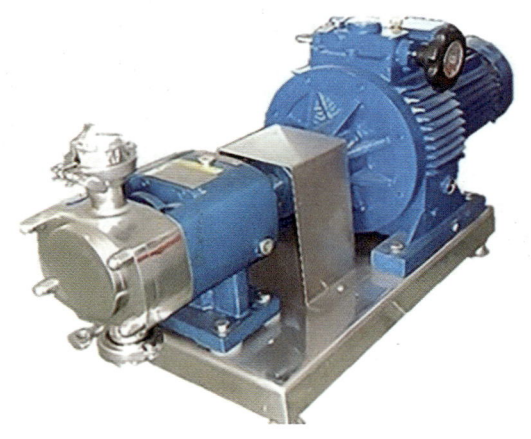

图 3-21　叠式过滤器的安装

　　②过滤器的选择安装。市面上有各种类型的过滤器，用于气雾栽培的过滤器质量比普通水介质过滤器要求高，以防杂质堵塞喷头。用于雾培生产的营养液过滤一般选择 Y 形、滤筒为叠式的过滤器，这种过滤器比网式过滤器效果好，而且设计原理上对管道水压没有太大影响，拆卸清洗滤筒的叠片也较为方便，选择型号以与主管管径相配的为好。过滤器一般安装于供液主管上（图 3-21）。

　　(6) 强磁处理器　在营养液循环供液过程中，营养液易受外界温度及自身浓度变化的影响而析出结晶物，或者发生化学反应而产生沉淀。为了解决结晶所致的喷头堵塞，一般要在主管上安装强磁处理器。于主管上安装 8 000 高斯的

图 3-22　强磁处理器的安装与功能

强磁处理器，可以起到防垢的作用。通过强磁处理，结晶状态由颗粒紧密型变为粒状或针状的松软细微型，容易被水流带走，不会积垢于喷头或者管壁。磁化导致水结构疏松并使水的结构有所调整，其本质是水流经过磁场时，磁化导致水分子与其他离子自身极化，改变了水分子间的缔合状态，缔合水分子变成单个水分子，水与水中离子、微晶间的水合状态发生变化，单个水分子把成垢的阴阳离子紧密包围，使后者不能凭借彼此之间的静电引力结合成垢。另外，水分子团变小也有利于植物根系对水分的吸收及运输，从而提高水分代谢与离子吸收的效率（图 3-22）。

（7）营养液杀菌器　气雾栽培的营养液在输送喷雾回流的过程中都处于开放的环境下，细菌的滋生感染难以杜绝，所以在营养液供应系统中需安装水处理的紫外线杀菌灯。用于水处理的紫外线灯要求波段为 254 纳米，该波段的紫外

图 3-23　纳米短波紫外线杀菌器及安装

图 3-24　备用发电机

线具有在水中的穿透力，可以起到杀灭菌藻的作用。其杀菌原理是水体中的细菌、病毒、藻类微生物经过紫外线的辐照后，细胞中的 DNA 和 RNA 结构被破坏，导致细胞无法进行再生、复制，直至死亡，从而达到杀菌消毒和净化水质的目的。营养液杀菌有两种模式：一种是过流式，即水流经紫外线杀菌器（紫外灯外套不锈钢筒的装置），这种装置在水质较好的情况下会有好的效果；另一种是浸没式，直接于营养液池内安装数根紫外线灯管辐照营养液。为了使用方便，一般用专业的套装的杀菌器（图 3-23）。

(8) 备用发电机　气雾栽培应防止停电，因其根系悬空的种植方式不像水培及基质培，即使停电也不会导致失水萎蔫，所以气雾栽培基地应配有备用发电机，一旦停电可以启动发电机供电。在安装时最好与发电机连接构建自动响应系统，如遇基地停电即可自动启动发电机。备用发电机的功率应根据基地大小而有选择地配备（图 3-24）。

图解牧草
智慧生产技术和装备

Illustrated Guide to Intelligent Production
Technologies and Equipment for Forage Grass

(9)补光系统　每层以长 43 米 × 宽 1.34 米为最小单元进行模拟(图 3-25)。

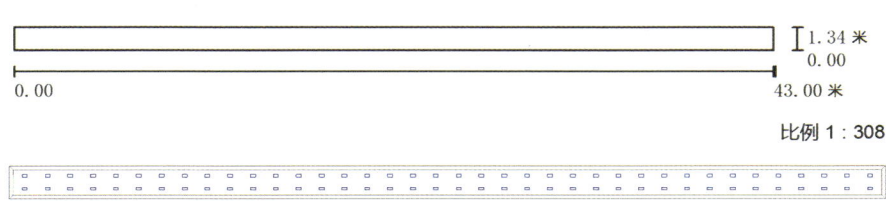

图 3-25　补光单元平面

单层有效种植宽度 1.2 米(1.34 米宽的中间部分预留 0.14 米宽用于通风管道)。单层布置 2 列,每列 38 盏,共 76 盏补光灯。每个补光单元补光面积为 6 米^2,分为 4 组并联,每组串联 10 根 1 米长的 LED 灯管,平均照度值 11 465.00 勒克斯,空间高度 1 米,安装高度 1 米,维护系数 0.8(图 3-26)。

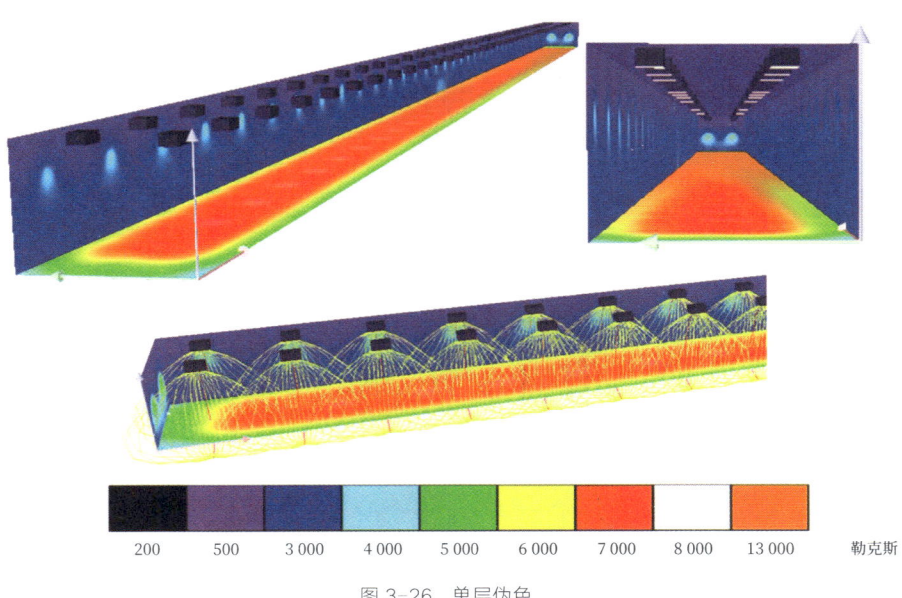

图 3-26　单层伪色

单层布置 76 盏补光灯，灯下 0.55 米处，平均照度值约 9 000 勒克斯（图 3-27）。

空间高度：1.000 米，安装高度：1.000 米，维护系数：0.80 　　　　　单位位勒克斯，比例 1 : 308

表面	密度 [%]	平均照度 [勒克斯]	最小照度 [勒克斯]	最大照度 [勒克斯]	最小照度 / 平均照度
工作面	/	7 700	2 065	17 450	0.268

图 3-27　补光单元平面

发光光谱：基于牧草光谱需求，将 LED 节能灯管作为补光灯，红蓝光光谱占比 70% 以上，其中单灯功率为 55 瓦（图 3-28）。

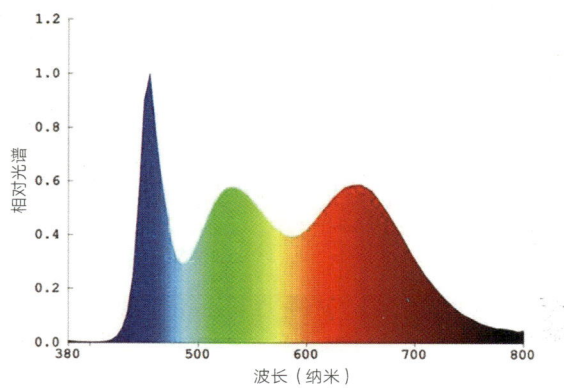

图 3-28　光谱波长分布

图解牧草
智慧生产技术和装备

Illustrated Guide to Intelligent Production
Technologies and Equipment for Forage Grass

单个种植架灯具参数见表3-1。

表3-1　单个种植架所需灯具

项目	参数
单层补光灯数量（盏）	76
单灯功率（瓦）	55
单层补光灯功率（千瓦）	4.18
6层补光灯功率（千瓦）	25.08
单灯重量（千克）	2
6层补光灯重量（千克）	152

每层有效种植面积为51.6米^2。长43米×宽1.2米=51.6米^2，6层合计309.6米^2，8000米^{2}共需26个种植架（表3-2）。

表3-2　8000米^{2}灯具汇总

项目	参数
补光灯总数量（盏）	11 856
单灯功率（瓦）	55
补光灯总功率（千瓦）	652.08
单灯重量（千克）	2
补光灯总重量（千克）	23 712

（10）环境控制系统

①湿帘风机系统。该系统由湿帘风机系统与垂直开窗系统复合而成，并由智能控制系统控制。降温系统的核心是让水蒸发的湿帘，由波纹状的纤维纸黏结而成，由于在原料中添加了特殊化学成分，耐腐蚀，使用寿命长。特制的输水湿帘能确保水均匀地淋湿整个湿帘墙。空气穿透湿帘介质时，与湿润介质表面进行的水气交换将空气的显热转化为汽化潜热，实现对空气的加湿与降温。

工作原理：湿帘安装在温室温控一体化设备间的内部。当需要降温时，启动风扇，将温室内的空气强制抽出，造成负压；同时，水泵将水打在对面的湿帘墙上。室外空气被负压吸入室内时，以一定的速度从湿帘的缝隙穿过，导致湿帘中的水分蒸发吸热，突然进入的空气温度下降，冷空气流经温室，吸收室内热量后，经风扇排出，从而达到降温目的，尤其在炎热的夏季，降温效果更加明显。

系统组成：

I. 湿帘。该系统选用优质疏水湿帘，配置专用的铝合金上下框架，内置优良的疏水系统，在维护良好的情况下，使用寿命可达 8 年以上。湿帘箱体潜置于温室适合位置。

II. 水循环系统。配置优质水泵 2 台，供回水均采用优质 PVC 管（表 3-3）。

表 3-3　水循环系统配置

名称	单位	参数
工作电压	伏	380
功率	千瓦	1.1
流量	米³/ 小时	8
扬程	米	25

III. 轴流风机。在温室的温控一体化设备间内侧立面 5.6 米标高处上各安装 27 台 1 380 毫米 ×1 380 毫米轴流风机。通过送风带将湿冷空气送入温室内部（表 3-4）。

表 3-4　轴流风机配置

名称	单位	参数
工作电压	伏	380
功率	千瓦	1.1
风量	米³/ 时	44 500
外框尺寸（长 × 宽）	毫米	1 380×1 380

IV. 外密封。湿帘箱体外侧采用垂直开窗系统，在冬季起到保温作用，同时密封加装 40 目 * 防虫网，避免飞虫进入室内。

②垂直开窗系统。温室北端设置 50 米 ×1.8 米 ×2 组的垂直开窗。

---

* 筛网有多种形式、多种材料和多种形状的网眼。网目是正方形网眼筛网规格的度量，一般是每 2.54 厘米中有多少个网眼，名称有目（英）、号（美）等，且各国标准也不一，为非法定计量单位。孔径大小与网材有关，不同材料筛网，相同目数网眼孔径大小有差别。——编者注

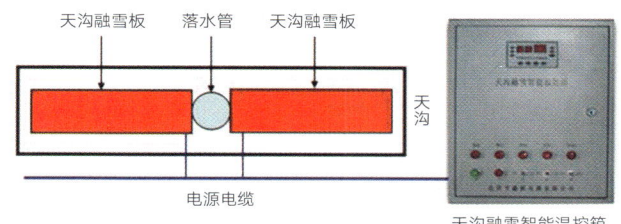

天沟融雪板　落水管　天沟融雪板

天沟

电源电缆

天沟融雪智能温控箱

图 3-29　加热系统

原理：减速电机固定在温室立柱上，输出端与传动轴管相连，传动轴管穿过轴承座，齿轮固定在传动轴上，齿条与齿轮咬合，齿条的另一端与通风窗连接。当电机转动时，带动传动轴转动，从而实现通风窗上下移动，达到开启／关闭目的。

特点：该系统安装方便，外形美观，占地面积少。与外翻窗相比，通风面积更大，空气流通快。垂直提窗框、升开窗系统运行平稳，维护方便。

系统组成：电机、齿轮齿条、联轴器、胶条。

③加热系统。温室加热方式采用电加热地暖模式，水平面以下 30 厘米，铺设地暖管，温室排水槽下铺设电加热融雪管（图 3-29）。

④外遮阳系统（齿轮齿条传动）。安装在外遮阳横梁下（标高 10.4 米），根据温室面积，外遮阳系统分为两个系统独立控制(图 3-30)。性能指标见表 3-5。

表 3-5　外遮阳系统配置

名称	单位	参数	备注
电机功率	千瓦	0.75	300 : 1
行程	米	3.7	
运行速度	米／分钟	0.24	
单程运行时间	分钟	15	
工作电源	伏	380	

系统组成：

Ⅰ.外遮阳结构架。在温室顶部安装一组外遮阳骨架，该骨架与温室顶部相距约 5 米。选用 50 毫米边长、壁厚 2.5 毫米的镀锌方管作为纵横框架；60 毫米

图 3-30　外部遮阳结构

边长的方管作为立柱支撑整个框架，连接立柱与框架。采用全扣件螺栓连接，支架强度可靠，外形美观（图 3-30）。

Ⅱ. 控制箱及减速电机。该箱内配有开启、闭合两套接触器件，通过线路可自动或手动控制遮阳幕展开及闭合，减速电机内自带限位开关，运行安全可靠。

Ⅲ. 齿轮、齿条。采用国产优质齿轮、齿条，经济实用，运行平稳可靠，防腐能力强，故障率低。

Ⅳ. 传动部分。本系统包括减速电机、齿轮、齿条、轴承座、推拉杆、驱动杆相联的传动机构。

传动轴管采用直径 32 毫米、壁厚 2.75 毫米镀锌管，中部与电机相连，其余部位与齿轮、齿条均匀相连，将圆周运动转换为齿条直线运动，从而带动遮阳幕来回运动。

推拉杆为直径 32 毫米、壁厚 1.5 毫米镀锌钢管，滑轮活固定推拉杆均匀分布在外遮阳骨架横向方向，驱动杆采用铝合金专用型材，横向布置，使幕布平稳平行运动。

Ⅴ. 幕线。双层幕线，选用国产优质幕线，抗拉能力强，变形小，下层间距

图解牧草
智慧生产技术和装备
Illustrated Guide to Intelligent Production
Technologies and Equipment for Forage Grass

图 3-31　保温系统示意图

0.5 米，上层间距 1 米，配置挡网卡，连接上下幕线，使幕布平稳运行。

　　Ⅵ.遮阳幕。选用国产针织优质幕布，遮阳率 75%，保质期 4 年，寿命 8 年。

　　⑤内保温系统（齿轮齿条传动）。安装在温室内横向桁架下弦下口（标高 8.2 米），根据温室面积，内保温系统分为两个系统独立控制（图 3-31）。参数见表 3-6。

表 3-6　性能指标

名称	单位	参数	备注
电机功率	千瓦	0.75	300：1
行程	米	3.7	
运行速度	米／分钟	0.24	
单程运行时间	分钟	15	
工作电源	伏	380	

　　系统组成：

　　Ⅰ.控制箱及减速电机。该箱内配有开启、闭合两套接触器件，通过线路可自动或手动控制遮阳幕展开及闭合，减速电机内自带限位开关，运行安全可靠。

Ⅱ.齿轮、齿条。采用国产优质齿轮、齿条，经济实用，运行平稳可靠，防腐能力强，故障率低。

Ⅲ.传动部分。本系统包括减速电机、齿轮、齿条、轴承座、推拉杆、驱动杆相联的传动机构。

Ⅳ.遮阳幕。选用国产透气保温幕布，遮阳率20%，节能率47%，保质期4年，寿命8年。

⑥自然通风系统（轨道式顶开窗）。性能指标见表3-7。

表3-7 自然通风系统配置

名称	单位	参数	备注
电机功率	千瓦	0.75	300：1
行程	米	0.9	
运行速度	米／分钟	0.24	
单程运行时间	分钟	4	
工作电源	伏	380	
开启角度	°	45	
通风率	%	25	

该系统经济节能，运行效率高，环境控制能力强，操作控制简便，是温室不能缺少的系统。

系统组成：

Ⅰ.控制箱及减速电机。该箱内配有开启、闭合两套接触器件，通过线路可自动或手动控制顶侧窗开启、闭合，减速电机内自带限位开关，运行安全可靠。根据植物需要，也可手动控制顶窗开启闭合。

Ⅱ.齿轮、齿条。采用国产优质齿轮、齿条，经济实用，运行平稳可靠。

Ⅲ.传动部分。本系统包括减速电机、齿轮、齿条、轴承座、传动轴管相联的传动机构。传动轴管采用直径32毫米、壁厚2.75毫米镀锌钢管。

Ⅳ.顶侧窗。采用专用铝合金型材组装而成，橡胶条密封（图3-32）。

（11）自动化控制系统 计算机控制是雾培专业化标准化生产必不可少的设备。采用计算机控制系统，除了控制雾化频率外，还可以进行多参数的调控。在雾化频率的控制上，计算机是在综合采集环境气候参数后，经由运算决策构

图解牧草
智慧生产技术和装备

Illustrated Guide to Intelligent Production
Technologies and Equipment for Forage Grass

图 3-32　开窗系统示意图

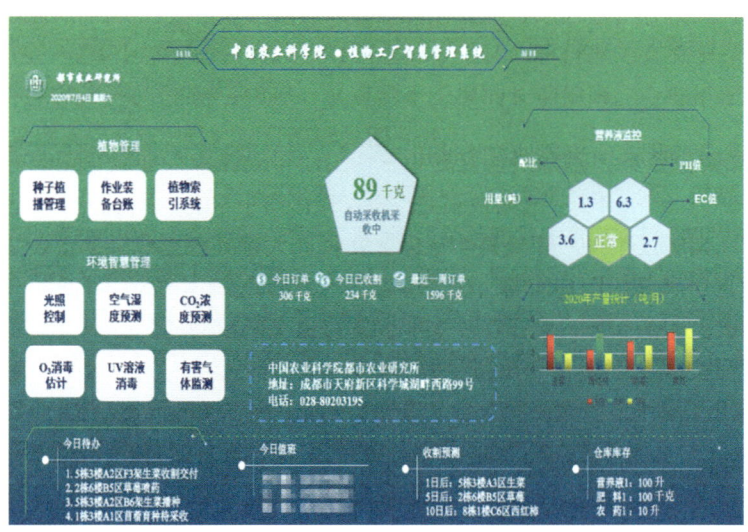

图 3-33　智能系统

建的喷雾策略，会随着环境气候因子的变化而变化（图 3-33）。

目前用于气雾栽培的计算机控制系统，包括环境调控、营养液调控，而且可以实现多区的信号克隆管理，对于规模化的生产基地来说，一是更为专业，二是可以大大降低成本，让较多的设备实现共享。温室环境调控，计算机配有空气温度、叶片水膜、光照强度、根域温度等传感器，对于营养液监控配有水位传感器、EC 值传感器、水温传感器等。通过环境参数的传感采集，再配以相应的执行设备，就可构建一个相对智能与自动化的雾培生产体系。当温度过高时，可以自动启动天窗、风机、湿帘或遮阳等降温设备与设施；当温度过低时，可以启动热风炉、水加温设备等。对营养液的管理，雾培侧重于营养液浓度的管理，EC 值传感器可以实时在线监控，如果配以母液池，可以实现自动补水与添加母液。总之，采用计算机自动化控制，可以更专业、更便利、更精准地管理基地，大大降低管理成本与硬件的投入。

4
牧草精准化管理

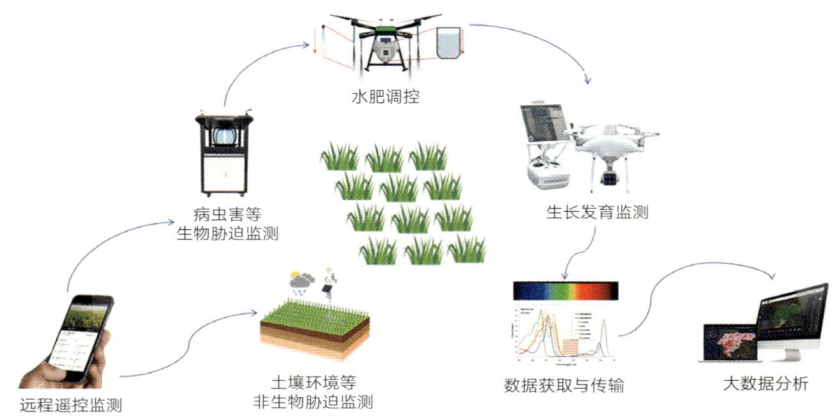

水肥调控

生长发育监测

病虫害等
生物胁迫监测

远程遥控监测

土壤环境等
非生物胁迫监测

数据获取与传输

大数据分析

图 4-1　牧草精准化管理系统构成

　　牧草精准化管理是一种基于科技和数据驱动的现代畜牧业管理方法，旨在提高牧草的生产效率、优化牛羊饲养环境、最大限度地减少资源浪费。这种管理方法利用先进的技术，如远程感知、数据分析和智能决策系统，为畜牧业带来了新的发展机遇。

　　牧草精准化管理依赖于先进的传感技术和远程感知设备，以实时监测牧场的土壤状态、气象条件和牲畜行为。这些数据被收集并传输到中央数据库，为畜牧业者提供了全面的信息基础。通过这些数据，研究人员可以更好地了解牧场的生态系统，为决策提供科学依据（图 4-1）。

　　数据分析在牧草精准化管理中扮演着关键角色。通过对大量的数据进行分析，研究人员可以识别出牧场的优势和不足之处，制定出更加科学合理的管理策略。例如，利用机器学习算法，可以预测牛羊的饲养需求，优化饲料配比，提高畜牧业的生产效益。

图解牧草
智慧生产技术和装备

Illustrated Guide to Intelligent Production
Technologies and Equipment for Forage Grass

智能决策系统是牧草精准化管理的核心组成部分之一。基于实时数据和分析结果，智能系统能够为畜牧业者提供个性化的管理建议。这些建议涵盖了牲畜的饲养计划、牧场的轮牧策略、草地的管理方案等多个方面。通过智能决策系统，畜牧业者可以更加灵活地应对不同的环境变化，提高生产效率和经济效益。

牧草精准化管理是畜牧业迎接科技革命的重要一环。通过整合先进技术、数据分析和智能系统，研究人员可以为畜牧业提供更加科学、高效和可持续的管理方法，推动整个行业朝着更加现代、智能的方向发展。

4.1 土壤养分监测

（1）土壤的质地和结构 对牧草的生长有着直接的影响。不同质地的土壤具有不同的水分保持能力和透气性，从而直接影响着根系的发育和牧草对水分的利用。黏土质的土壤可能导致排水不畅，而沙质土壤则可能导致水分迅速流失，因此了解土壤的质地有助于制定合理的灌溉计划和改善土壤结构。

（2）土壤的 pH 对牧草的养分吸收和生长至关重要。不同的牧草对土壤 pH 有不同的适应性，因此了解土壤的 pH 特性可以帮助选择适宜的牧草品种。酸性土壤可能导致一些养分的缺乏，而过碱性的土壤则可能影响牧草的根系发育，从而影响根系对养分的吸收。图 4-2 是不同环境下不同土壤性质对同一作图群体的表型性状影响。

（3）土壤中的养分含量 也是影响牧草生长的重要因素。不同类型的土壤中，养分的含量差异较大，而合理施肥可以弥补土壤中的养分不足，提高牧草的生产力。研究土壤中的氮、磷、钾等养分的分布规律，有助于科学施肥，提高牧场的养分利用效率。

（4）土壤性质 与牧草生长之间存在复杂而密切的关系。通过深入研究土壤的物理、化学和生物特性，可以更好地理解这种关系，为优化牧场管理、提高牧草产量和质量提供科学依据。在可持续畜牧业发展的背景下，深入挖掘土壤与牧草之间的相互关系，将有助于实现畜牧业的可持续生态发展。图 4-3 是同一作图群体在不同栽培基质下存在遗传性状差异。

图 4-2　不同环境下不同土壤性质对同一作图群体的表型性状影响

图解牧草
智慧生产技术和装备

Illustrated Guide to Intelligent Production
Technologies and Equipment for Forage Grass

图 4-3　同一作图群体在不同栽培基质下存在遗传性状差异

4.2　按需施肥技术

4.2.1
土壤养分分析和需求评估

　　牧草种植中土壤养分分析与需求评估对于实现高效畜牧业和可持续土地管理至关重要。土壤养分分析是了解土壤中养分含量的有效途径。通过采集土壤样品，分析其中的氮、磷、钾等关键养分含量，研究人员能够准确评估土壤的肥力状况，从而为合理施肥和精细管理提供科学依据，有助于避免养分过剩或不足，提高牧草的生产力和品质。

　　土壤养分需求评估是制定合理施肥方案的关键步骤。通过分析牧草品种的生长特性、对养分的需求，以及土壤中的养分含量，研究人员可以量化不同牧场对养分的需求，并制定相应的施肥计划。这种差异化的施肥策略既可以满足不同牧场的具体需求，又能够最大限度地提高养分利用效率，降低农业对环境的负荷。土壤养分分析和需求评估原理见图 4-4。

图 4-4　土壤养分分析和需求评估原理

　　定期监测土壤养分状况也是实现可持续土地管理的关键环节。通过建立长期监测体系，研究人员能够及时发现土壤贫瘠程度或养分积累的情况，及时调整施肥策略，保持土壤的肥力平衡，实现牧场的可持续发展。

　　在当前全球气候变化和资源有限的情况下，精准的牧草种植土壤养分分析与需求评估不仅有助于提高畜牧业的经济效益，还能够减少养分流失、环境污染，实现农业的可持续发展。研究人员将继续致力于深入研究这一领域，为优化牧草种植管理提供更科学的解决方案。

4.2.2
合理施肥计划

　　合理施肥计划是实现高效畜牧业和可持续土地管理的基础之一。科学施肥可以提高畜牧业的经济效益，减少对环境的负面影响，实现畜牧业的可持续发展。

图 4-5　笔者团队对牧草 F1、F2 代群体材料进行喷施农药及施肥刈割等田间管理

图 4-5 是 2014 年 1 月 5 日笔者团队在工人协助下对宝兴基地 F1、F2 代群体材料进行喷施农药及施肥刈割等田间管理工作，以应对冬季寒冷潮湿气候影响。

　　采集并分析土壤样品，准确了解土壤中氮、磷、钾等关键养分的含量，可为制订科学合理的施肥方案提供基础，避免盲目施肥可能导致的养分过剩或不足问题。不同牧草品种对养分的需求有差异，要因地制宜合理制定施肥计划。要深入了解牧草品种的生长特性，量化不同品种的养分需求，有针对性地制定施肥方案。以上这些有助于最大化养分利用效率，提高牧场的生产力。

　　在不同的季节和气候条件下，牧草对养分的需求会有所变化。因此，研究人员需要根据实际情况调整施肥计划，确保在不同的生长阶段为牧草提供适宜的养分支持。图 4-6 是 2015 年 2 月 1 日笔者团队在宝兴基地对 F1、F2 代群体材料进行喷施农药及施肥等田间管理工作，以应对冬季寒冷潮湿气候影响，同时补充 F1 代 11 个群体材料。

图 4-6　笔者团队对牧草育种群体材料进行施肥，以应对冬季寒冷潮湿气候影响

图 4-7　合理搭配施肥田间试验

图解牧草
智慧生产技术和装备

Illustrated Guide to Intelligent Production
Technologies and Equipment for Forage Grass

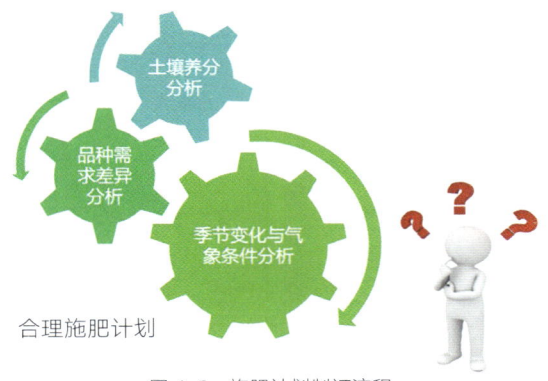

图 4-8 施肥计划制订流程

有机肥和化肥的合理搭配也是施肥计划的重要考虑因素。有机肥可以改善土壤结构，提高土壤肥力，并减少对化肥的依赖。科学合理的有机肥和化肥搭配，既可以保证牧草的养分供应，又有利于土壤的长期健康。合理搭配施肥田间试验见图 4-7。施肥计划制订流程见图 4-8。

4.3　病虫监测预防

病虫害的监测与预防对于保障畜牧业的稳定生产和提高草地质量至关重要。建立有效的监测与预防体系，是实现高产、高质牧草的关键步骤之一。图 4-9 是禾本科牧草栽培种植中出现的虫害情形。

病虫害监测需要及时、准确地识别并记录病虫害的种类和分布。采用先进的遥感技术、传感器和图像识别系统，能够实现大面积的实时监测，及早发现可能影响牧草生长的病虫害问题。这为采取针对性的防控措施提供了重要的信息支持。

制定科学的预防策略是牧草种植中防治病虫害的重要环节。通过对病虫害的生命周期、传播途径和影响因素的深入研究，制定合理的防治计划，包括选择抗病虫害的牧草品种、合理轮牧和间作，以及采用生物防治和环境友好型的防治手段等（图 4-10）。

图 4-9　禾本科牧草在栽培种植中出现的虫害

图 4-10　在洪雅、雅安两实验基地对研究材料实验地采取越夏管理防治措施，包括田内开挖排水沟，挂遮阳网，喷洒农药、农家肥和复合肥等，从而提高实验研究材料越夏率

图解牧草
智慧生产技术和装备

Illustrated Guide to Intelligent Production
Technologies and Equipment for Forage Grass

图 4-11　2014 年 10 月 10 日，笔者团队在洪雅实验基地开展牧草杂交群体管理

图 4-12　高效节能自动化农药喷灌系统

　　定期进行草地健康检查，监测土壤状况和植被生长状况，有助于及早发现植物健康问题。保持牧场的生态平衡，提高牧草的自然抗性，减少病虫害对牧草的危害。科学合理施肥，维持土壤养分平衡，改善土壤结构，有助于提高牧草的抗病虫害能力。合理的灌溉管理则有助于减缓病虫害的传播速度，保持牧场的健康状态（图 4-11）。

　　总体而言，病虫害的监测与预防是牧草种植过程中至关重要的环节。通过科学手段，研究人员能够实现对病虫害的及时监测、有效预防，从而保障畜牧业的生产稳定和牧场生态环境的健康。借助大型农业机械开展预防也是牧草栽培的一种重要手段（图 4-12）。

4.4 牧草长势监测

牧草生长指标监测是实现高效畜牧业和可持续草地管理的关键步骤，同时也可确保畜牧业生产的质量和稳定性。

与牧草产量密切相关的性状如株高等是重要的监测指标之一。通过定期测量牧草植株的高度，研究人员能够了解其生长速度、生长季节的变化及不同品种之间的差异，有助于制定合理的放牧计划和管理策略，确保畜牧业的持续生产。

茎叶比是评估牧草生长结构的关键参数。合理的茎叶比能够改善牧草的口感，提高饲用价值和影响畜牧动物对其的食用偏好。通过监测茎叶比的变化，研究人员能够及时调整管理措施，达到最佳的牧场利用效果。

叶绿素含量是反映牧草植株健康状态的指标。叶绿素是植物进行光合作用的关键色素，其含量直接影响着牧草的光合效率和生长能力。监测叶绿素含量可以帮助识别可能存在的生长问题，及时采取措施进行调整，维持牧场的健康状态。

此外，牧草的生殖生长指标也值得关注，包括花期、种子产量等。了解这些生长指标有助于预测牧草的繁殖潜力和种子的传播能力，为合理的畜牧业管理提供参考。

综合而言，牧草生长指标监测涉及多方面工作。通过利用现代科技手段，如遥感技术、传感器监测和图像分析，我们能够实现对大面积牧场的实时监测和数据采集，为畜牧业提供科学的生长状况评估和管理建议。这将有助于提高畜牧业的生产效益、优化资源利用，推动畜牧业朝着更加可持续和高效的方向发展。

4.4.1
生长指标的测定和监控

传统作物表型数据获取方式涉及多个步骤和手段，主要包括人工观测、实地测量、手工记录和样品采集等（图 4-13）。

图解牧草
智慧生产技术和装备

Illustrated Guide to Intelligent Production
Technologies and Equipment for Forage Grass

图 4-13　洪雅实验基地观测鸭茅遗传连锁图谱杂交 F1 代、F2 代群体抽穗开花期并记录

图 4-14　传统表型数据获取方式

（1）人工观测　通过目测或使用简单的测量工具，对作物的外部表现进行观察和记录，包括株高、叶片颜色、开花期等农艺性状。

（2）实地测量　在人工观测的基础上，进行更为具体和准确的实地测量，包括使用测量工具（比如尺子、量规）对作物的农艺性状进行测量，如植株高度、茎粗、叶片面积等。实地测量通常需要耗费较多的时间和人力。

（3）手工记录　将观测到的数据手写或手工输入到纸质记录表或电子表格中，人工记录耗时，且存在数据输入错误的风险。

（4）样品采集　采集作物样品进行实验室分析，涉及采集叶片、茎、根等部位的样品，以进行生化、生理学或遗传学方面的研究。

传统方式所使用的设备和工具相对简单，成本较低。人工观测和实地测量所需的工具通常容易获得，并不需要昂贵的技术设备。在小规模研究或农场管理中，传统方式不需要复杂的技术设备，农民和研究者可以通过简单的手段获取必要的信息。人工观察和实地测量提供了一种相对灵活的数据获取方式，可以根据具体情况进行调整和适应（图 4-14）。

这些传统方式仍然在一些农业领域和科研项目中被广泛使用（图 4-15 和图 4-16），但它们存在一些局限性。首先，传统方式需要大量的人工观测和实地测量，通常耗时费力，尤其是在大规模农田或大面积研究项目中，限制了数据的获取速度和效率。其次，人工观察存在主观性，不同观察者可能会有不同的判

图 4-15　宝兴实验地雨量充沛移栽第二年的杂交 F1 代群体大部分单株已经进入开花期，F2 代群体部分单株进入抽穗期、部分单株进入开花期

图 4-16　传统方式允许研究人员进行直接的人工观察，对作物的外部特征有直观的认识，包括植株的生长状态、开花情况、果实状况等

断。手工记录可能会导致数据输入错误，降低数据的准确性。最后，传统方式获取的信息主要集中在可直接观察到的外部特征，而对于作物的内部生理过程和基因表达等方面信息，传统方式难以提供充分数据。

随着农业科技的发展，对大规模、高通量数据的需求日益增加。传统方式在应对这种大规模数据需求时显得力不从心，很难提供足够的数据密度和频率。

现代农业越来越倚重于自动化和高通量的作物表型数据获取技术，如遥感技术、传感器网络、机器学习等，以提高效率和数据的准确性。

综合来看，传统作物表型数据获取方式在一些情境下仍然有其适用性，尤其是在小规模研究和农场管理中。然而，在追求更高效、准确、大规模的数据获取时，现代化的技术手段如传感器、遥感等则成为更为理想的选择。这种技术的应用有望弥补传统方式的不足，提高作物表型数据的采集效率和质量。

4.4.2
利用光谱技术的生长监测

现代技术的普及使得智能决策系统在牧草生长监控中扮演着越来越重要的角色（图 4-17）。结合大数据分析和机器学习算法，智能系统能够预测牧草的生长状况，提前发现可能的问题，并为决策者提供精准的管理建议。这种智能系统能够在实时监测的基础上，通过数据模型实现对牧草未来生长状态的预测，并综合运用遥感技术、传感器监测、图像分析和智能决策系统，全面了解

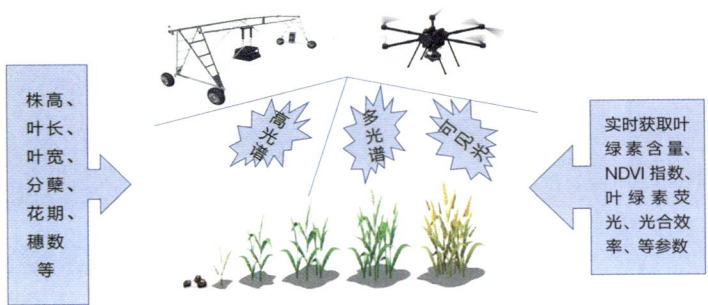

图 4-17 牧草生长监控数字化技术

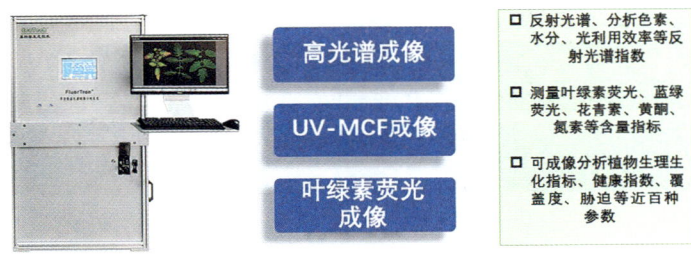

图 4-18 光谱技术分析牧草

牧草的生长状况，为畜牧业提供科学的管理决策支持。

　　基于空－地一体化的牧草生长监控数字化技术（图 4-17）主要是通过无人机平台和地面移动平台进行数据的标准化采集。①无人机图像数据采集，采用飞控软件预先对航空轨迹设定，无人机自动到达牧草试验小区，自动采集牧草的信息并回传到服务器。②移动式高通量表型数据采集，采用程序控制采集车按照预设的速度在牧草上方行走，传感器自动采集牧草的长势信息等。空－地一体化的牧草生长监控数字化技术获取的牧草外部特征参数包括株高、叶长、叶宽等；也可以获取的牧草光谱特征参数包括 NDVI 指数、光谱反射率、叶绿素荧光等。

　　光谱技术分析牧草（图 4-18）可以获取内在特征参数，主要包括高光谱成像、UV-MCF 成像和叶绿素荧光成像（图 4-19）。这些光谱技术可以无损的快速获取牧草冠层的特征光谱数据，通过特征光谱计算分析可以获得叶绿素含量等参数的反演，这些无损的实时检测对于牧草智慧化和精准化的管理具有重要的作用。

狼尾草对照品种"热研4号"
处理前和10℃低温处理10天后抗性差异
RGB相机图像

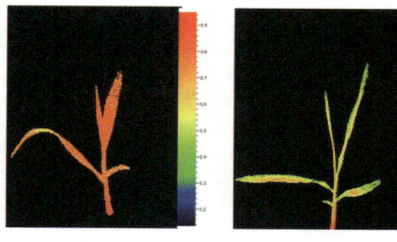

狼尾草对照品种"热研4号"
处理前和10℃低温处理10天后抗性差异
多光谱图像

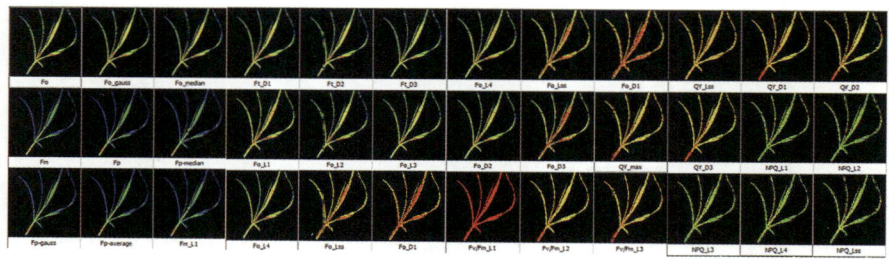

狼尾草品种"SA01"
10℃低温处理10天后各项指标参数值及彩色成像图

狼尾草品种"SA02"
10℃低温处理10天后各项指标参数值及彩色成像图

图4-19　光谱图像融合的牧草检测方法

图解牧草
智慧生产技术和装备

Illustrated Guide to Intelligent Production
Technologies and Equipment for Forage Grass

5
牧草自动化收割

图解牧草
智慧生产技术和装备
Illustrated Guide to Intelligent Production
Technologies and Equipment for Forage Grass

图 5-1　四倍体鸭茅抽穗期是营养生长到生殖生长过渡期，
也是刈割作为青贮饲料的最佳时期

牧草收获在牧草生产中占据重要位置。不同品种的牧草在生长速度、生长季节和生长高度等方面存在差异，因此收获过程也要区别对待。深入研究每种牧草的生物学特性，能够为确定最佳的收割时机提供科学依据。

牧草生长初期，养分含量较高，但可能产量较低；而在生长后期，牧草的产量可能较高，但养分含量可能下降。综合考虑以上因素，应选择合适的生长阶段进行收割，以兼顾产量和质量。

避免在雨季或高湿度时进行收割，以减少牧草的露水含量，有助于提高干草的质量。良好的天气条件还有助于确保收割后的牧草能够迅速晾晒和保存，避免霉变和质量下降。

此外，根据畜牧业的管理目标来确定收割时机也至关重要。如果主要追求高产量，可能会选择在牧草生长高峰期时进行收割。如果注重牧草的营养价值和质量，可能更倾向于在牧草达到最佳养分含量的阶段进行收割。

选择最佳的牧草收割时机需要进行科学的判断和综合决策（图 5-1），通过研究和实践，为畜牧业提供有效的管理策略，最大限度地发挥牧草的产量和质量优势，推动畜牧业朝着更加高效和可持续的方向发展。

图解牧草
智慧生产技术和装备 | Illustrated Guide to Intelligent Production
Technologies and Equipment for Forage Grass

5.1 牧草机械化收割

牧草的高效收割对于提高饲料质量和牧场生产力至关重要。科学的收割技术和先进的机械设备的使用，不仅可以提高收割效率，还能够影响到牧草的质量和畜牧业的整体经济效益。

传统牧草收割方法包括手工割草、晾晒和堆放等，通常不需要大量的机械设备，投资成本较低，特别是对于小规模农场来说，晾晒方法相对简单，农民可以轻松掌握，无需大量培训。相较于大型机械设备收割，传统收割方法对环境的影响较小，有助于维持生态平衡。传统收割方法通常依赖于当地的手工劳动和自然条件，更容易适应不同的地区和气候条件。

传统的手工割草和晾晒需要大量的人工劳动，耗时耗力，对农民的体力要求较高；与机械化方法相比，传统收割方法效率较低，尤其在大面积农田中，可能无法满足高产量的需求；传统收割方法对天气的依赖性较强，雨水或湿度过高可能导致牧草晾晒困难，容易造成牧草品质下降，难以压缩和储存，也不便于运输，这可能影响到农产品的市场销售。

总体而言，传统牧草收割方法适用于一些小规模、资源相对匮乏的农场，在大规模、高效率的农业生产中，机械化收割方法更为普遍和可行（图 5-2）。

图 5-2 2014 年 11 月，对雅安基地 F2 代群体材料进行田间表型获取，并开展杂草处理及施肥刈割等田间管理工作，以应对冬季寒冷潮湿气候影响

机械化收割采用割台收割机、旋耙、牧草打捆机等设备，能够在短时间内完成大面积的牧草收割，生产效率较高。通过精准地调整割台的高度，可以确保在不影响牧草根系的情况下，割取到植株的适宜部位，有助于保留更多的叶片，提高牧草的营养价值和饲用性，对动物的饲养效果有着积极的影响。

牧草的水分含量直接影响其保存质量和后续利用效果。使用先进的牧草干燥机和打捆机，可以迅速将牧草晾晒至适宜的水分含量，并将其压缩成密实的草捆，方便储存和运输。在牧草生长的高峰期进行收割，不仅可以获得更高的产量，还能够确保牧草的养分含量相对较高。深入研究牧草生长规律和气象条件，选择适宜的收割时间，可以为畜牧业提供最佳的牧草资源。

使用全球定位系统（GPS）和传感器技术，可以实现智能导航和作业控制，提高机械设备的操作精度，减少资源浪费和能源消耗。

机械化收获的特点包括以下 9 个方面。

高效率：机械化收割可以大幅提高牧草的生产效率，相较于传统手工方法，可以更快速地完成大面积的收割工作。

节约劳动力：使用机械设备可以减轻农民的体力负担，减少对劳动力的依赖，使农业生产更可持续。

适应大规模农业：机械化收割适用于大规模农业生产，能够应对更广泛的耕地需求，确保足够的饲料供应。

高品质牧草：机械设备能够更精确地控制收割过程，有助于保持牧草的品质，减少损失和浪费。

灵活性：不同类型的机械设备可以适应不同的农田和牧草种类，提高农业生产的灵活性和多样性。

高投资成本：机械设备的购置和维护成本相对较高，可能对小规模农场造成经济压力。

技术依赖性：机械化收割对农民的技术水平有一定要求，可能需要培训和适应期，这对一些传统农民来说可能是一个挑战。

环境影响：机械设备的使用可能对土壤和环境造成一定压力，例如土壤压实和油耗等问题。

不适应复杂地形：在不平坦或复杂地形的农田中，机械设备可能效果不佳，难以适应地形的变化。

5.2 牧草自动化收割

随着科技的不断发展，牧草产业在迅猛发展的同时，也存在劳动力不足和精细化管理不够等诸多挑战。这些对牧草收割机械提出了更高的要求。近年来，牧草自动化收割技术水平得到了显著提升，先进的传感技术、智能控制系统的大规模应用使得牧草收割更加高效、精准。例如，基于机器视觉、光谱和超声波等传感器可以动态感知牧草的长势、产量；基于力传感器、红外传感器可以实时获取收获牧草的水分含量，这些传感器技术对于牧草的品质有了很大的提升。自动化装备的作业效率更加突出。

自动化收割的优势更加突出。相较于传统的手工收割，机械化的操作可以实现更快速、更连续的工作，大幅度减少人力投入，意味着更高的产量和更短的生产周期。在传统农业中，牧草的手工收割对劳动力的要求较高，而自动化收割使得农民可以更专注于其他重要的农事工作，提高了工作效益，因此，自动化收割技术能够有效降低农业劳动的强度。同时，自动化收割系统配备先进的传感器和控制系统，能够实时监测牧草生长状况，调整刀具的高度和收割速度，从而实现精准操作，不仅提高了收割的质量，还有助于优化牧草的管理策略，提高农业生产的智能化水平。通过调整参数和附件，系统能够灵活适应不同的牧草品种和生长环境，使其具有更广泛的适用性。

随着自动化技术的不断发展，机械系统变得更加复杂，维护和修理的难度也相应增加。农民需要具备一定的技术水平，或者依赖专业技术人员对机械系统进行维护，从而增加了使用的复杂性和额外的成本。自动化收获技术的引入通常需要较高的成本投入。购买先进的收割机械、维护设备、培训操作人员等都需要大量的资金。这对于一些小规模的农业生产者可能是一个不小的负担。尽管自动化收割技术在提高效率的同时有助于减少人为错误，但其在操作中仍可能对周围环境产生一定的影响。例如，机械化操作可能导致土壤压实，对土壤结构产生不利影响，需要谨慎操作以减轻环境压力。自动化收割技术的广泛应用可能导致农业领域的劳动力需求减少，从而影响农业就业。虽然这有助于提高农业效率，但也需要社会给予劳动力转岗和职业培训更多的关注。

牧草收割机械在研发中越来越注重多功能化设计，以适应不同地区、不同品

图 5-3　传统高山丘陵地区牧草种植无法实现机械化收割

图 5-4　牧草自动化收割机

种的牧草收割需求。例如，一些机械能够适应不同高度的牧草，具备多种割台和收集装置，从而提高适用范围。采用新材料、新工艺，优化动力系统，以达到节能环保的目的，不仅符合可持续发展理念，而且有助于农业生产的绿色转型。

随着物联网技术的应用，牧草收割机械开始实现数据化管理。通过传感器采集信息，农民可以实时监测机械的运行状态、牧草的生长情况，从而更好地调整生产策略，提高农业生产的智能化水平（图 5-3）。

笔者团队开发了牧草田间科研采样的自动化收割装备，包括打捆式视觉割草机、切断式自走割草机两款装备。打捆式视觉割草机采用视觉引导，通过远程手机端获取实时作业信息，通过太阳能和风力新能源方式为控制系统充电，通过自动打捆将收割的牧草排成行，方便收集作为饲料使用（图 5-4）。

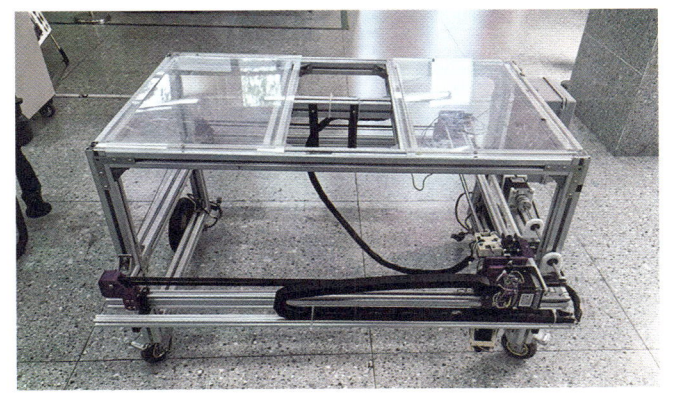

图 5-5　除草机器人

　　切断式自走割草机也是笔者团队研发的产品，可无人自走作业，将牧草按照设定的草茬高度切断后集中到车辆后方，方便收集作为饲料使用。该割草机可通过北斗系统自动控制行走，按照固定轨迹不定期对牧草进行收割。

　　对于牧草中的杂草进行控制也很有必要，可以有效地剔除杂草对牧草饲喂的不良影响。笔者团队开发了激光除草机器人，可自动识别特定的杂草，发射蓝激光灼烧杂草的嫩芽，阻止杂草生长（图 5-5）。

5.3　牧草收割发展趋势

　　人工智能技术的应用使得机械能够更好地适应不同环境，实现自主操作和智能决策，提高生产效率的同时降低人工成本（图 5-6）。

　　随着精准农业技术的不断发展，牧草收割机械将更好地与其他农业技术融合，栽培牧草开始适应农机，适合大面积高效作业的生产模式逐步成为主流（图 5-7）。例如，结合卫星遥感技术，实现对牧草生长状态的实时监测，从而更精准地进行收割。采用可再生能源，减少对土壤和水资源的污染，同时优化废弃物的处理方式，实现农业生产的可持续发展。

图 5-6　机械化高效快捷收割大面积牧草

图 5-7　适合大面积高效作业的农田

　　在全球化的背景下，国际合作与知识共享将成为推动牧草收割机械研发的重要动力。各国科研人员可以共同面对全球性的挑战，分享先进技术和经验，推动农业机械领域的共同进步。

6
牧草梯次化加工

图 6-1　草原牧草收获后待加工

　　牧草梯次化加工旨在通过精细加工和处理，提高牧草的利用效率和附加值，包括技术创新、加工工艺优化、产品研发，以及市场推广和产业合作等方面。

　　技术创新是实现牧草梯度化加工的基础，包括开发高效的加工设备和工艺，以适应不同形态和品种的牧草。例如，通过研究先进的分离、浸提、干燥等技术，实现对牧草中营养成分的分级提取，为后续产品的开发提供基础。

　　加工工艺优化是确保产品质量和效益的关键。研究者需要深入了解牧草的化学成分和结构特点，制定适宜的加工流程，确保在保留营养成分的同时，最大限度地提高产物的品质。这可能涉及温和的物理处理、绿色的生物技术等方面的创新。

　　产品研发是梯度化加工中的关键环节。通过深入了解畜牧业和食品行业的需求，研究者可以开发出多样化的牧草产品，包括饲料、保健品、食品添加剂等。这需要综合运用食品科学、生物技术等领域的知识，确保产品的安全、营养和可持续。

　　市场推广和产业合作也是牧草梯度化加工中不可忽视的内容。研究者需要与畜牧业生产者、加工企业、经销商等多方合作，推动加工产品的市场应用和推广，实现研究成果的产业化。

　　总体而言，牧草作为一种重要的饲料，是草原的主要产物（图6-1）。牧草梯度化加工需要综合考虑技术创新、加工工艺、产品研发、市场推广等多个方面的内容，通过跨学科的合作和不断的研究创新，推动畜牧业向高效、高附加值的发展方向迈进。

图解牧草
智慧生产技术和装备

Illustrated Guide to Intelligent Production
Technologies and Equipment for Forage Grass

图 6-2 干草

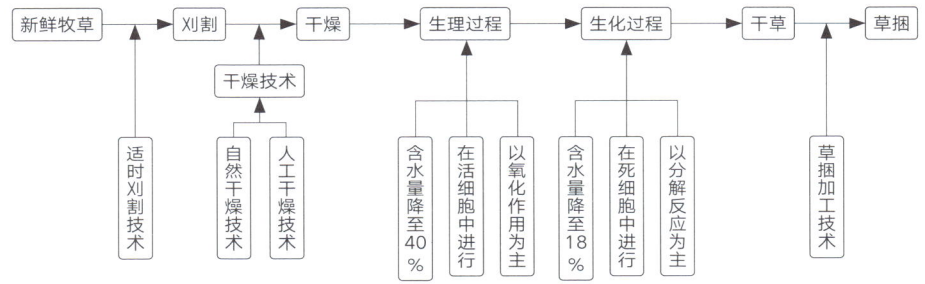

图 6-3 牧草初级加工流程

6.1 牧草初级加工

牧草初级加工产品是通过对新鲜牧草收获后，按照需求进行不同加工处理而制成的饲料产品，用于牲畜的饲养。这些产品通常经过采收、处理和包装等工序，以确保它们在保存期间能够保持营养价值。常见的牧草加工产品包括干草、青贮料、草粉、草粒和牧草浓缩料等五种。这些牧草加工产品在生理生化过程方面存在差异。

（1）干草（hay） 最主要的牧草产品见图 6-2。干草从新鲜牧草到草捆的初级加工流程共五步（图 6-3），主要包括刈割、干燥等。牧草干草是将新鲜的牧草收割后晾晒制成的饲料，具有良好的保存性和便携性。其主要优势在于稳定的营养成分，包括纤维、蛋白质和维生素，可为牲畜提供全面均衡的饮食。干草是最基本的牧草加工产品，广泛用于牲畜的冬季饲养。

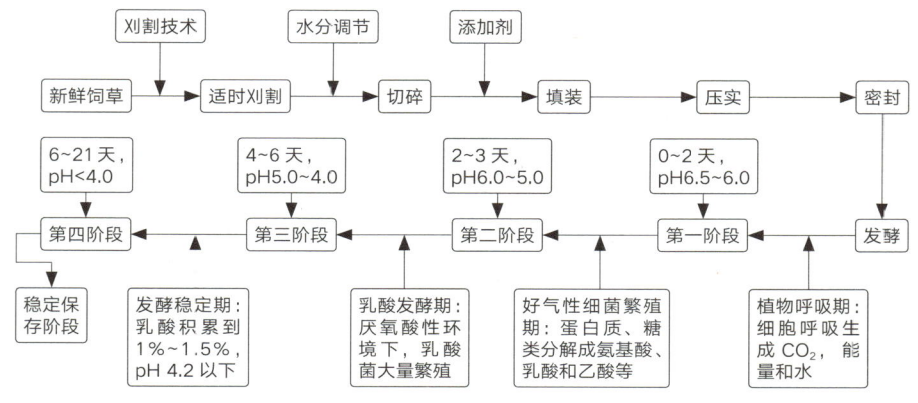

图 6-4 青贮料加工流程

图 6-5 青贮料

（2）青贮料（silage）　一种在牧草鲜样条件下，经刈割、压实和发酵制成的高质量饲料（图 6-4）。青贮料最显著的优势是在发酵过程中保留了更多的营养成分，包括蛋白质、维生素和矿物质。相比于其他牧草饲料，青贮料提供了更全面均衡的饮食。青贮料不仅具有更长的保存期，还具有更高的饲用价值，有助于保持牲畜的健康状况，提高牲畜的生产性能。青贮料外观最显著的特点是包裹紧密、颜色翠绿（图 6-5）。

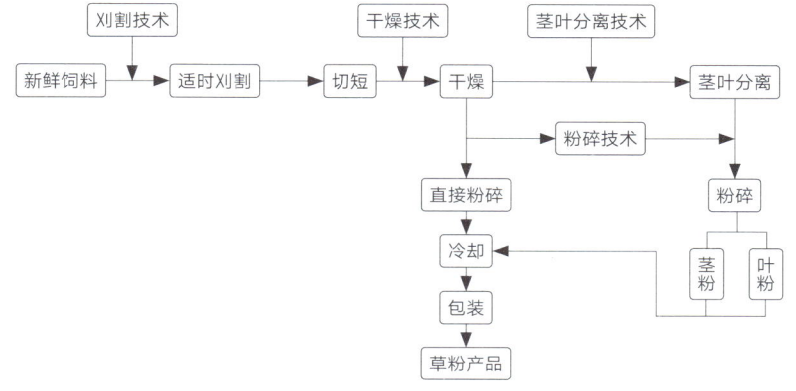

图 6-6　草粉加工流程

图 6-7　草粉

（3）草粉（grass meal）　对牧草进行粉碎和破碎处理而制成的饲料添加物，具有多重优势。草粉加工流程见图6-6。这种形式的牧草能够提供额外的纤维和营养，丰富了动物的饮食；由于经过粉碎处理，草粉更易于消化，提高了饲料的利用率，促进了牲畜的生长，提高了生产性能。草粉的保存和运输更为方便，是一种便捷而高效的饲料形式。草粉外观见图6-7。

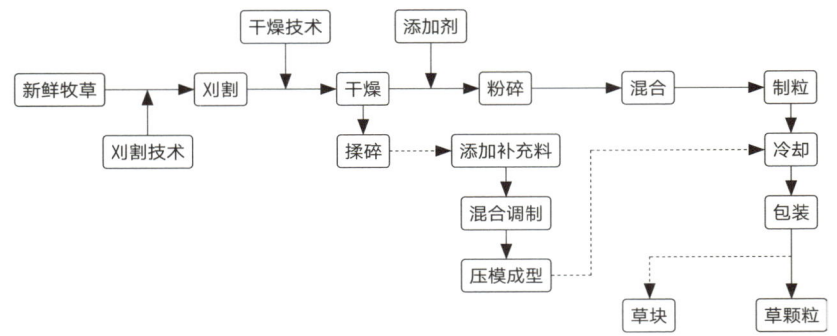

图 6-8 草粒加工流程

图 6-9 草粒

（4）草粒（grass pellets） 将牧草压缩成颗粒状而制成的饲料，加工流程见图 6-8。草粒是一种便捷的饲料形式，通常用于牛、马等牲畜的日常饲养。由于经过压缩，草粒具有更高的密度（图 6-9），占用更少的储存空间，降低了饲料的运输成本。草粒还能够提供均衡的营养，包括纤维和蛋白质，促进牲畜的健康，提高生产性能。

图解牧草
智慧生产技术和装备

Illustrated Guide to Intelligent Production
Technologies and Equipment for Forage Grass

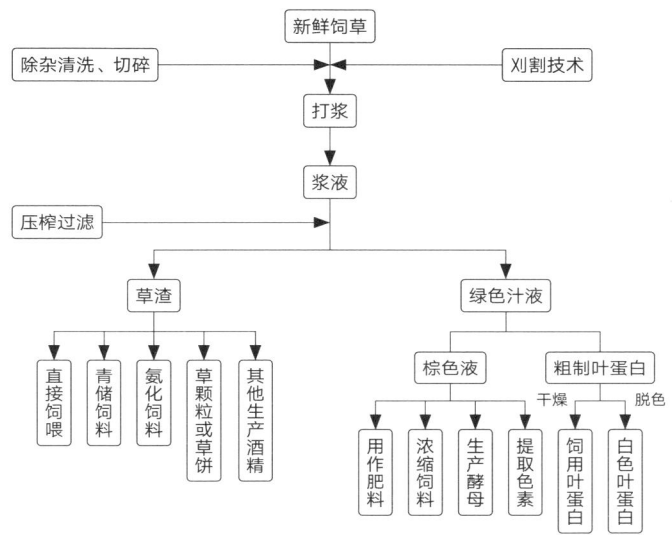

图 6-10　叶蛋白加工流程

（5）牧草浓缩料（concentrated forage）　牧草经过去水、去除杂质等处理，得到浓缩的牧草料。这些产品富含营养，可以提供更高的能量和蛋白质。将不同种类的牧草和其他饲料原料混合后，得到牧草混合饲料（mixed forage feed）。这种混合饲料营养更加均衡，适用于不同种类和阶段的牲畜。

近年来，草产品深加工技术得到快速发展。该技术包括叶蛋白提取技术，膳食纤维制备技术，黄酮、皂苷和叶绿素提取技术等，其中叶蛋白提取技术占据主要市场份额。

绿色植物茎叶中蛋白分为固态蛋白质和可溶性蛋白质两类。叶蛋白是可溶性蛋白的凝聚物。可溶性蛋白质能在溶液中保持稳定的亲水胶体状态，这是由于蛋白质分子表面附有防止蛋白质分子沉淀析出的水化膜，水化膜外还有防止蛋白质分子凝集的电荷层。叶蛋白提取的原理就是利用物理法或者化学法破坏水化膜，使蛋白质分子变性，降低蛋白质溶解度，以此提取蛋白质。

叶蛋白加工技术是在牧草叶蛋白含量较高时，及时收获、粉碎、打浆和压榨处理，再用加热凝聚法、发酵法、盐析法等手段提取、分离和干燥叶蛋白（图 6-10）。

牧草收割后，将各种牧草草料和矿物质及具有维生素的添加剂有效混合，生产出一种混合型的饲料，可以更好地满足牲畜的营养需求。这种混合加工技术相对于其他单一的加工技术来说更为完善，其配置出来的饲料营养价值更加均衡，为动物消化系统的完善提供了保障，可进一步提高动物的生产性能和品质，可为今后全混合日粮加工技术的进一步成功应用，促进辖区范围内畜牧养殖产业的健康可持续发展提供参考。

6.2　牧草综合利用

牧草加工产品在种植业和畜牧业领域中的应用非常广泛，对于提高畜牧业效益、促进农业可持续发展起到了关键作用。以下是一些牧草加工产品在农业领域中的主要应用。

（1）优质饲料　牧草经过梯度化加工后，仍含有丰富的营养成分，包括蛋白质、纤维、维生素和矿物质，可以制备出高品质的饲料，改善口感，使其更加可口。这些饲料在畜牧业中被广泛用于牛、羊、马、禽等动物的饲养，有助于提高畜禽的生产性能和健康水平。

（2）添加剂　牧草加工产品中提取的有效成分常被用作饲料添加剂。这些添加剂可以改善饲料的质量，提高畜禽的生产性能，促进生长发育和增强抗病能力。

氨基酸补充：氨基酸是动物体内蛋白质合成的基本组成部分，在饲料中添加合适比例的氨基酸，可以弥补牧草中蛋白质不足的问题，提高蛋白质利用率，促进动物生长。

矿物质补充：牧草加工产品中可能富含矿物质，如钙、磷、锌、铜等，将其用作饲料添加剂可以帮助动物维持正常的生理功能，促进骨骼发育，增强免疫力，提高生产性能。

维生素补充：牧草加工产品中的维生素含量丰富，可以作为维生素补充剂。维生素在动物的生长、发育和免疫功能等方面起着重要作用，通过添加剂形式供给，有助于满足不同生长阶段动物的维生素需求。

图解牧草
智慧生产技术和装备　│　Illustrated Guide to Intelligent Production
Technologies and Equipment for Forage Grass

酶制剂：牧草加工产品中的一些酶制剂，如纤维酶、淀粉酶等，可改善饲料的消化性能，提高饲料的能量利用率，减轻动物的能量消耗。

饲料调味剂：牧草加工产品中的某些成分可以用作饲料调味剂，改善饲料的口感，促进动物的食欲，提高饲料的摄食率。

将牧草加工产品作为添加剂，可以更好地调控饲料的成分，满足不同阶段动物的营养需求，提高饲料的全面性和均衡性，从而改善畜牧业的生产效益和动物的健康状况。

（3）有机肥料　牧草梯度化加工过程中产生的副产品，如渣滓和废弃物，可以作为有机肥料用于农业。这些有机肥料富含养分，可以改善土壤结构，提高土壤肥力，促进植物生长。

牧草加工产品中含有丰富的有机物质，包括植物纤维、蛋白质、碳水化合物等。这些有机物质能够提供土壤所需的碳源，促进土壤微生物的繁殖，改善土壤结构。

牧草加工产品中的营养元素包括氮、磷、钾等，能够为植物提供全面、均衡的营养。这对于植物的生长发育、提高产量和改善产品质量具有重要意义。

使用牧草加工产品作为有机肥料，可以减少对化学合成肥料的依赖，有助于降低农业生产的环境负担，促进农业的可持续发展。

（4）土壤改良剂　牧草加工产品中的某些成分具有改良土壤的效果。这些产品可以用于改善酸性土壤、增加土壤通气性、调节土壤湿度等，有助于提高农田产量和质量。

有机肥料通过增加土壤有机质含量，能够改良土壤结构，提高土壤的通透性和保水性，有助于减缓土壤侵蚀，促进根系生长，增强植物对逆境环境的适应能力。

一些牧草加工产品可能对土壤呈碱性，有助于提高酸性土壤的 pH，改善土壤酸碱平衡，为一些作物提供更适宜的生长环境。

有机肥料中的有机物质可以为土壤微生物提供能量和碳源，激发土壤中微生物的活动，有助于形成更为健康的土壤生态系统，提高土壤的抗逆性和生态平衡。

（5）生物能源生产　牧草加工过程中产生的物质，可以用于生物能源的生产。牧草加工产品用于生物能源生产可以实现资源的有效利用，降低对化石能源的依赖，推动可持续发展，并在一定程度上减缓气候变化，有助于农业实现能源自给自足，减少对传统能源的依赖。

发酵生产生物乙醇：牧草加工产品中的碳水化合物可以通过发酵过程转化为生物乙醇。生物乙醇是一种可再生能源，可以用作交通燃料，减少对传统汽油的需求。

碳中和和可持续性：利用牧草加工产品生产生物能源有助于实现碳中和目标，因为这些能源的产生不会增加净碳排放，符合可持续性和环保的能源生产理念。

农业废弃物的再利用：牧草加工产品的生产往往伴随着农业废弃物的产生。将农业废弃物用于生物能源生产，可实现资源的再利用，促进了农业和能源行业的协同发展。

总体来说，将牧草加工产品用于生物能源生产可以实现资源的有效利用，降低对化石能源的依赖，推动可持续发展，并在一定程度上减缓气候变化。然而，该过程还需要考虑生产的可持续性、经济性和社会影响等多方面因素。

（6）环保治理　牧草加工产品的利用有助于处理农业废弃物，减少对环境的污染，达到资源循环利用和环境保护的目的。

（7）绿色农业示范　牧草加工产品的综合利用可以成为绿色农业的示范，通过可持续的资源利用和环保措施，推动农业向更加生态友好的方向发展，为农业可持续性提供示范和借鉴。

牧草加工产品在种植业和畜牧业领域中的应用涵盖饲料、添加剂、有机肥料、土壤改良剂、生物能源等多个方面，对于提高生产效益、减少环境负担，以及推动农业可持续发展等具有重要作用。

6.3　牧草综合利用研究案例

笔者团队承担了内蒙古自治区某处牧草综合利用园区的设计，设计内容包括储藏加工区、微型牧场区和展示服务区三个部分。

（1）储藏加工区　该区域面积共为 1 000 米^2，包括采收间、包装间、冷藏间、洁净物料间等，用于成品储存及包装加工的作业，主要功能为原材料保鲜

图解牧草
智慧生产技术和装备

Illustrated Guide to Intelligent Production
Technologies and Equipment for Forage Grass

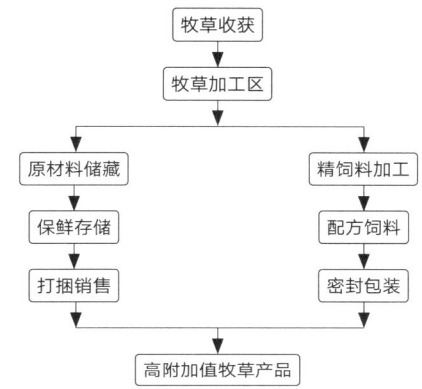

图 6-11 储藏加工区功能分布

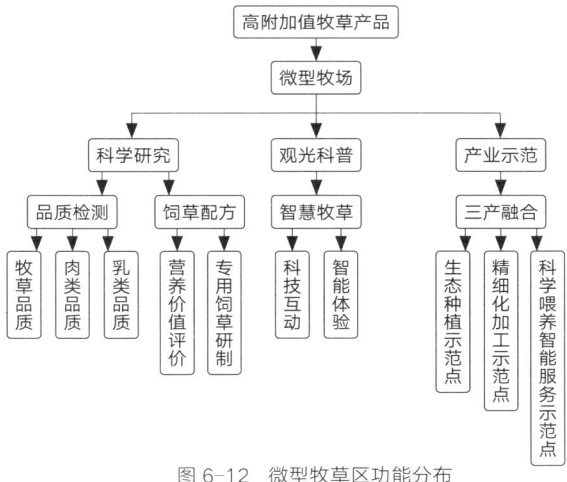

图 6-12 微型牧草区功能分布

存储及配方饲料研制加工，最终产出高附加值牧草产品（图 6-11）。

（2）微型牧场区 主要开展科学研究、观光科普与产业示范三项工作。科学研究包括牧草、肉质、乳品检测研究，营养价值评估与专用饲草研制；观光科普包括智慧牧草先进性展示、科技互动，智能体验；产业示范以三产融合为宗旨，建设生态种植示范点、精细化加工示范点及智能服务示范点。场区主要流程图见图 6-12。

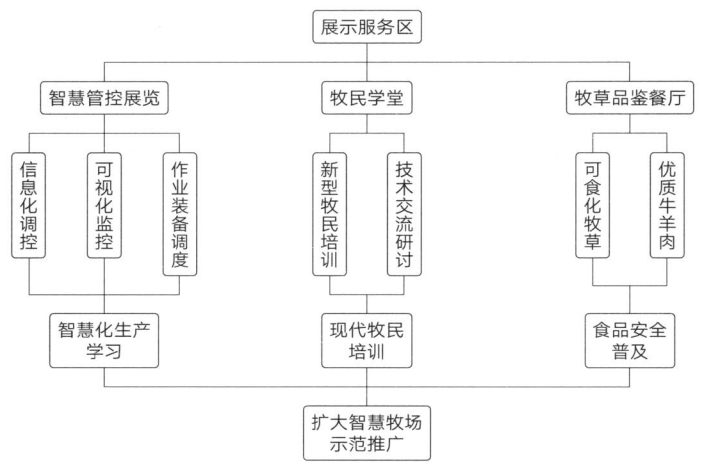

图 6-13　展示服务区功能示意图

（3）展示服务区　该区域面积 1 000 米^2，外形为蒙古包造型设计，主要包括牧草生产智能控制中心、科技展厅、牧民课堂、一站式服务区、牧草品鉴区等（图 6-13）。

6.4　牧草加工与利用发展趋势

牧草梯度化加工与利用是农业领域的一项重要技术，通过对牧草的精细处理和加工，实现对牧草的高效利用，为畜牧业的可持续发展提供新的途径。牧草梯度化加工与利用将在以下多个方面取得更大的发展（图 6-14）。

首先，随着畜牧业的不断发展和人们对优质畜产品需求的增加，对牧草的高效利用成为亟待解决的问题。传统的牧草加工方式往往效率较低，而梯度化加工技术的引入，可以更好地满足畜牧业对高质量牧草的需求。随着梯度化加工技术的不断创新和提高，牧草的质量将得到更好的保障，从而推动畜牧业的良性发展。

图6-14 牧草梯次化加工与利用

其次，牧草梯度化加工与利用有望在农业产业链中发挥更大的作用。对牧草进行梯度化加工，可以生产出更多的副产品，例如饲料添加剂、有机肥料等，为农业产业链的延伸提供更多可能性。随着技术的进步，牧草梯度化加工将不仅仅局限于生产畜牧业所需的饲料，还将涉及更广泛的农业领域，为农业提供更多的资源和材料。

再次，牧草梯度化加工与利用对环境的友好性也是其未来发展的一个重要方向。传统的牧草加工方式往往伴随着能源的浪费和环境污染，而梯度化加工技术的引入可以有效降低这些负面影响。牧草梯度化加工与利用将更加注重能源的可持续利用和环境保护，以实现农业的绿色发展。

最后，随着人工智能、大数据等技术的发展，牧草梯度化加工与利用将更加智能化。通过对牧草的监测、分析和预测，可以更好地掌握牧草的生长规律和品质变化，从而在梯度化加工过程中实现精准控制，提高加工效率和产品质量。随着智能技术的应用，牧草梯度化加工与利用将更加智能高效。

总的来说，牧草梯度化加工与利用是畜牧业可持续发展的重要支撑，未来将在提高牧草利用效率、拓展农业产业链、保护环境和实现智能化等方面取得更大的发展。这一技术的广泛应用将为畜牧业的绿色、高效、可持续发展奠定坚实的基础，同时也将为农业领域的创新和发展带来新的机遇。

图解牧草
智慧生产技术和装备

最早和智慧牧草生产结缘是在 2020 年 10 月，由于国家电投内蒙古公司提出项目合作，我本人作为负责人牵头了一个研究小组，为项目编制技术报告和可研方案。这个项目的启动时间是我从北京工作调动到成都后，第一次在新单位牵头运作市场化的项目合作，因此对我意义重大。带着十多人的研发团队，非常用心的耗时近 2 个月，深入研究了内蒙古建设智慧牧草生产的技术体系。项目最后定名为"绿能智慧牧场示范项目"，项目涵盖了牧草无土种植、初级加工和文旅休闲，仔细想来项目涉及一产、二产和三产，是个复杂的体系。当所有工作完成后，我对智慧牧草生产有了一个完整的构想。

但这个项目一波三折。由于当时合同签订和付款与研究工作同步推进，国电投内蒙古公司处于初创期，对项目的认识还不是很清晰，这就给项目落地带来了很大的麻烦。在去内蒙古进行技术方案现场交流时，分歧依然存在，项目最终没有执行。但国家电投内蒙古公司路续等三位负责人的很多想法还是对我很有触动，让我坚信牧草智慧化生产是非常重要的国家战略。在项目交流中也和中国农业科学院草原研究所的林克剑研究员熟识，后来他成为草原研究所领导。这些经历如同种子一样，对我后来持续推进牧草智慧化生产研究和产业化产生了长久影响。

近年来，随着"乡村振兴"战略的深入推进和绿色农业理念的普及，牧草产业在生态保护与畜牧业高质量发展中的地位愈发重要。在后续的多次调研中，我目睹了无数从业者对先进技术的渴望，也深刻感受到智慧生产技术和装备的普及对产业升级的迫切性。随着这种想法的不断成熟，为牧草智慧生产做点工作的使命感，促使我下定决心，将多年研究成果与项目技术报告整理成册，这个项目案例对于我国内蒙古等牧区的高品质牧草生产有一定的参考价值，希望能为解决产业痛点贡献绵薄之力。

当最后一幅图表完成校对，合上这部凝聚心血的书稿时，内心充满感慨与感激。从构思到成书，创作之路并非坦途，却因诸多力量的汇聚而充满意义。在此，谨以这篇后记向所有给予支持的人致以最诚挚的谢意。这部著作的诞生，首先要归功于我国牧草产业蓬勃发展的时代机遇。成书过程中，离不开众多科研机构、企业与基层工作者的鼎力支持。特别感谢我的研究团队，在资料整理、实地调研、绘图排版等工作中不辞辛劳，正是团队的协作与坚守，才让本书得以顺利付梓。

尽管我们力求内容全面、准确，但受研究深度与行业发展速度的限制，书中难免存在疏漏与不足之处。智慧农业技术日新月异，新的装备与理念不断涌现，恳请各位读者、专家不吝赐教。您的每一条建议，都将成为我们继续探索的动力，助力后续研究与内容完善。最后，愿这部著作能成为连接科研成果与产业实践的桥梁，为牧草智慧生产领域的研究者、从业者提供有益参考。期待与大家共同见证我国牧草产业在智慧化浪潮中蓬勃发展，走向更绿色、更高效的未来。

马　伟

2025 年 1 月 12 日于呼和浩特乌兰察布东街

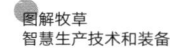

图解牧草
智慧生产技术和装备

Illustrated Guide to Intelligent Production
Technologies and Equipment for Forage Grass